新工科建设之路·数据科学与大数据系列教材

河南科技大学教材出版基金资助出版

U0180314

数据标注实用教程

刘欣亮　韩新明　刘　吉　主　编

裴亚辉　高艳平　张兵莉　刘彩霞　副主编

普杰信　主　审

电子工业出版社

Publishing House of Electronics Industry

北京·BEIJING

内 容 简 介

本书以数据标注岗位需求为导向，由高校教师和多家一线数据标注企业的工程师联合编写。本书系统介绍了数据标注的发展、分类、规范及常用的数据标注工具的使用方法。本书对初学者了解数据标注行业的操作规范及未来数据标注人才培养要求起到积极的作用。本书内容从实际数据标注工作出发，采用"项目引导、实战驱动"的理念编写。

本书包含配套教学视频、教学课件，读者可登录华信教育资源网（www.hxedu.com.cn）免费下载。本书还提供配套数据标注实战平台，可供有需要的读者使用。

本书可作为大学本科和高职高专院校大数据技术与应用专业相关课程的配套教材，也可作为各类计算机培训机构的培训教材或相关爱好者的自学教材。

图书在版编目（CIP）数据

数据标注实用教程/刘欣亮，韩新明，刘吉主编. —北京：电子工业出版社，2020.10
ISBN 978-7-121-39762-2

Ⅰ. ①数… Ⅱ. ①刘… ②韩… ③刘… Ⅲ. ①数据处理－高等学校－教材 Ⅳ. ①TP274

中国版本图书馆 CIP 数据核字（2020）第 195888 号

责任编辑：戴晨辰　　文字编辑：路　越
印　　刷：涿州市京南印刷厂
装　　订：涿州市京南印刷厂
出版发行：电子工业出版社
　　　　　北京市海淀区万寿路 173 信箱　　邮编：100036
开　　本：787×1 092　1/16　印张：12.5　字数：300 千字
版　　次：2020 年 10 月第 1 版
印　　次：2025 年 2 月第 16 次印刷
定　　价：42.00 元

凡所购买电子工业出版社图书有缺损问题，请向购买书店调换。若书店售缺，请与本社发行部联系，联系及邮购电话：（010）88254888，88258888。

质量投诉请发邮件至 zlts@phei.com.cn，盗版侵权举报请发邮件至 dbqq@phei.com.cn。

本书咨询联系方式：dcc@phei.com.cn。

　　人工智能技术已经迅速崛起，生产制造业、服务业、教育业等诸多行业都在向智能化方向大力推进。数据标注作为人工智能的基础工作和技术支持，是未来科技产业的重中之重，即将成为劳动密集型且高收入的行业。目前，行业发展存在很多问题，主要表现为行业内专业人才稀缺，从业人员规范化、职业化、专业化程度较低。

　　数据标注行业即将进入高速发展的阶段，推进行业规范化、职业化、专业化的发展进程，是每一个从业人员都迫切渴望的。本书由高校教师联合一线数据标注公司经验丰富的工程师编写，采用岗位对接和模块设置，为真正实现"校企合作、产教融合"开拓了一条可行之路。本书针对应用型人才的岗位需求，从实际岗位所需技能着手，详细叙述了每个项目所需要的知识点及操作步骤，适合应用型人才的培养。

　　数据标注技术是大数据技术及应用和计算机应用技术专业的专业核心课程。通过本书的学习，读者可以了解数据标注行业的新技术和发展趋势，理解数据标注的基本原理、技术和方法，拓宽数据标注行业的知识面；掌握数据标注的基本技能，以及数据采集、预处理、可视化等技术的基础知识；通过实战培养动手能力，提高数据标注的综合应用能力。

　　全书共5章，第1章是数据标注概述，主要包括数据标注发展简史、数据标注的定义、数据标注的应用领域、数据标注行业的运行模式及未来的发展趋势；第2章介绍数据的来龙去脉，主要包括数据的基本知识、数据预处理、数据分析与可视化的相关知识；第3章介绍数据标注所需要掌握的基础知识；第4章介绍数据标注员职业素养的培养；第5章通过12个实战项目介绍文本、语音、图像及视频类数据标注项目的基本操作技能和综合应用能力。

　　本书由长期从事一线工作的高校教师（河南科技大学普杰信、刘欣亮、裴亚辉、高艳平、张兵莉，洛阳职业技术学院苟元琴、完颜严，三门峡职业技术学院王波）和企业工程技术人员（河南百分软件科技有限公司刘彩霞、刘珂，郑州点我科技有限公司韩新明、王杰，沈阳面壁者数据科技有限公司刘吉）合作编写。本书由刘欣亮、韩新明、刘吉任主编，裴亚辉、高艳平、张兵莉、刘彩霞任副主编，普杰信任主审。国家重点研发计划课题组东北大学计算机学院吴刚副教授对本书的编写提供了很多指导。刘吉、裴亚辉编写了第1章；高艳平、苟元琴编写了第2章；刘欣亮、王波编写了第3章；刘彩霞、刘珂、完颜严编写了第4章；韩新明、张兵莉、王杰编写了第5章。伊川县中等职业学校的康社辉参加了本书配套微课和数据标注实战平台的制作工作。本书受到国家重点研发计划课题"中小微企业综合质量服务动态适配与协同技术研究"（编号 2019YFB1405302）的资助。在本书的编写过程中，参考了部分文献资料，在此向这些资料的作者表示衷心感谢。

本书包含配套教学视频、教学课件，读者可登录华信教育资源网（www.hxedu.com.cn）免费下载。本书还提供配套数据标注实战平台（www.e100zy.com/sjbz）供有需要的读者使用。

由于编者水平有限，书中错误和不妥之处在所难免，敬请专家及读者批评指正。

编 者

目录

第1章 数据标注概述

随着人工智能（Artificial Intelligence，AI）落地商业化进入快车道，人脸识别、无人驾驶、智慧安防、智能客服等成为热门的应用场景，人工智能公司关注的重点开始聚焦于产业落地能力上。作为人工智能行业的基础，数据是实现这一能力的决定性条件之一。因此，为机器学习算法训练提供高质量的数据标注服务成为决定人工智能应用高度的重要因素之一。数据标注是数据标注员借助某种工具软件，对人工智能算法的学习数据集进行加工的一种行为。数据标注的主要作用是为人工智能算法标记用于训练机器学习模型的数据集合。人工智能算法需要"吃掉"大量的数据，才能学会某种技能，数据标注的工作就是为人工智能算法加工"食物"。

1.1 数据标注发展简史

1.1.1 数据标注行业的发展

谈到数据标注行业的产生，就必须从人工智能的发展历史说起。

1. 人工智能发展史

人工智能的概念在 20 世纪五六十年代被正式提出。1950 年，马文•明斯基（后被人称为"人工智能之父"）与邓恩•埃德蒙一起建造了世界上第一台神经网络计算机，这被视为人工智能的起点。同样是在 1950 年，被称为"计算机之父"的阿兰•图灵提出了一个举世瞩目的想法——图灵测试。按照他的设想：如果一台机器能够与人类开展对话而不能被识别出机器的身份，那么这台机器就具有智能。就在这一年，阿兰•图灵还大胆预言了研制真正具备智能的机器的可行性。跌宕起伏的人工智能发展史从 1956 年真正拉开序幕，人工智能发展过程中历经的重要事件如图 1-1 所示。

1956 年，马文•明斯基、约翰•麦卡锡与克劳德•香农等人一起发起并组织达特茅斯会议，并在此次会议上首度提出"人工智能（AI）"概念，这次会议之后被誉为"人工智能的起点"。就在这次会议后不久，约翰•麦卡锡从达特茅斯学院搬到了 MIT。同年，马文•明斯基也搬到了这里，之后两人共同创建了世界上第一个人工智能实验室——MIT AI LAB。达特茅斯会议正式确立了 AI 这一术语，并且开始从学术角度对 AI 展开了严肃而深入的研究。此后不久，最早的一批人工智能技术开始涌现。达特茅斯会议被广泛认为是人工智能诞生的标志，从此人工智能走上了快速发展的道路。

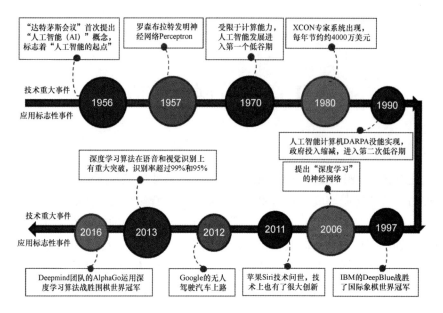

图 1-1　人工智能发展过程中历经的重要事件

1957 年，计算机科学家罗森布拉特提出了感知器（Perceptron）的概念，感知器是最早的人工神经网络。单层感知器是一个具有一层神经元、采用阈值激活函数的前向网络。通过对网络权值的训练，感知器可以对一组输入向量实现 0 或 1 的目标输出，从而实现对输入向量分类的目标。感知器的出现将人工智能的发展推向了第一个高峰。在这段长达十余年的时间里，计算机被广泛应用于数学与自然语言处理领域，解决了很多代数、几何和英语问题。这让很多研究者看到了机器向人工智能发展的信心。甚至在当时，有很多学者认为："二十年内，机器将能完成人能做到的一切。"

1970 年，受当时计算机的计算能力限制，计算机无法完成大规模数据训练和复杂任务，人工智能发展进入第一个低谷期。

1980 年，卡内基梅隆大学为一家数字设备公司设计了一套名为 XCON 的专家系统。这是一种采用人工智能程序的系统，可以简单理解为"知识库+推理机"的组合，XCON 是一套具有完整专业知识和经验的计算机智能系统。

1990 年，人工智能计算机 DARPA 没能成功实现，政府投入缩减，人工智能进入第二次低谷期。

1997 年，IBM 的计算机系统 DeepBlue 战胜了国际象棋世界冠军卡斯帕罗夫，又一次在公众领域引发了现象级的人工智能话题讨论。这是人工智能发展中的一个重要事件。

2006 年，加拿大多伦多大学教授、机器学习领域的泰斗 Geoffrey Hinton 和 Ruslan Salakhutdinov 在 Science 发表了一篇文章，开启了深度学习在学术界和工业界的研究浪潮。

2011 年，Siri 技术首次被使用在 iPhone 上，iPhone 变身为一台智能机器人，用户可以通过手机读短信、介绍餐厅、询问天气等。

2012 年，Google 获得美国内华达州机动车辆管理局颁发的首张无人驾驶车辆牌照。

2013 年，来自卡内基梅隆大学的研究团队发布了 Never Ending Image Learner（NEIL）

系统，这是一个可以用来比较和分析图像关系的语义机器学习系统。

2016 年，Deepmind 团队的 AlphaGo 运用深度学习算法战胜了围棋世界冠军李世石。2017 年，深度学习大热。AlphaGoZero（第四代 AlphaGo）在没有任何数据输入的情况下，开始自学围棋 3 天后便以 100:0 战胜第二代"旧狗"，学习 40 天后又战胜了第三代"大师"。

人工智能的发展经历了从理论到实践，从初期在现实应用环境中使用效果不佳，到通过技术的突破，实现存储能力、计算能力的大幅提升，使得人工智能在特定场景下的应用有了极大的提高。

2．数据标注的起源

早期数据标注的工作是由研究人工智能算法的工程师完成的，但随着人工智能在商用场景的落地，待标注的数据量呈"指数级"增长，他们已经无法完成大量的数据标注，出现了一些专门从事数据标注的人员。

2007 年，斯坦福大学教授李飞飞等人开始启动 ImageNet 项目，ImageNet 项目主要借助亚马逊的劳务众包平台 Mechanical Turk 来完成图片的分类和标注，以便为机器学习算法提供更好的数据集。截至 2010 年，已经有来自 167 个国家的 4 万多名工作者提供了约 1400 万张标记过的图像，共分为 21841 种类别。从 2010 年到 2017 年，ImageNet 项目每年举办一次大规模的计算机视觉识别挑战赛，各参赛团队通过编写算法来正确分类、检测和定位物体及场景。ImageNet 项目加深了人们对人工智能领域的认知，相关人员越来越认识到数据是人工智能研究的核心，在某种程度上数据的重要性甚至超过算法，离开大量训练数据的人工智能算法就像离开汽油的汽车，寸步难行。近年来，人工智能领域对数据标注的需求海量增加。因此，出现了大量专门从事数据标注的人员，诞生了数据标注行业，而且这个新兴行业的发展非常迅猛，未来能够容纳更多的从业人员。

目前，学术界尚未对数据标注的概念形成统一的认识，比较认可的是由王翀和李飞飞等人提出的定义。他们认为，数据标注是对未处理的初级数据，包括语音、图像、文本、视频等进行加工处理，并转换为机器可识别信息的过程。原始数据一般通过数据采集获得，之后的数据标注相当于对数据进行加工，然后输送到人工智能算法中完成调用。数据标注产业主要是根据用户或企业的需求，对图像、语音、文本、视频等进行不同方式的标注，从而为人工智能算法提供大量的训练数据以供机器学习使用。图 1-2 是一个图像标注的示例，数据标注者需要识别和标注图像中出现的对象，如天空、树木、建筑、湖水、天鹅和草等对象。

3．人工智能算法与数据标注之间的关系

在了解人工智能与数据标注之间的关系前，需要先引入两个人工智能的重要概念。

强人工智能：强人工智能观点认为计算机不仅是一种可以用来模拟人的思维的工具，而且只要编写合适的程序，计算机本身也可以拥有思维。

弱人工智能：弱人工智能认为不能制造出真正拥有推理和解决问题的智能机器，这些机器只不过看起来是智能的，但是并不真正拥有智能，也不会有自主意识。

显然，目前人工智能的发展处于弱人工智能阶段，强人工智能当前只出现在科幻电影中。

图 1-2　数据标注的示例

深度学习是人工智能目前的一个重要研究领域，其主要有四种方式：监督学习（Supervised Learning）、无监督学习（Unsupervised Learning）、半监督学习（Semi-supervised Learning）、强化学习（Reinforcement Learning）。目前利用监督学习训练出来的模型在现实场景中的应用效果相对较好，是当前人工智能的研究重点。

1）监督学习

监督学习是一种深度学习的方式，人工智能算法可以通过训练数据集学习或建立一个模式（Learning Model），并且不停地迭代训练这个模式，目的是最终通过这个模式自行识别未经标注的数据。训练数据由输入（通常是向量）和预期输出组成。输出可以是一个连续的值（称为回归分析）或是预测一个分类标签（称为分类）。

2）无监督学习

无监督学习是人工智能网络的一种算法，其目的是对原始数据进行分类，以便了解数据的内部结构。与监督学习不同，无监督学习并不知道其分类结果是否正确，即没有受到监督式增强（告诉它何种分类结果是正确的）。无监督学习的特点是仅对此种网络提供输入范例，并自动从这些输入范例中找出潜在类别规则。当学习完毕并经过测试后，无监督学习也可以应用到新的案例上。

3）半监督学习

半监督学习是监督学习与无监督学习相结合的一种方式，它主要使用大量的未标记数据，同时使用少量标记数据来进行模式识别工作。与全部使用标记数据的监督学习相比，半监督学习训练成本更低，训练精度较高。与无监督学习相比，半监督学习迭代速度和算法收敛较快。

4）强化学习

强化学习也称为再励学习、评价学习或增强学习，是深度学习的范式和方法论之一。它用于描述和解决智能体（Agent）在与环境的交互过程中通过学习策略以达成回报最大化或实现特定目标的问题。强化学习主要针对没有标注数据集的情况，通过某种方法（如回报函数）来判断算法是否越来越接近目标。经典的儿童游戏——"Hotter or Colder"就是一个很好的例证，其任务是找到一个隐藏的目标物件，当有人告诉你是否越来越 Hotter（更接近）

或 Colder（远离）目标物件时，Hotter 和 Colder 就是回报函数，而强化学习的目标就是训练最优化的回报函数。回报函数可以视为一种延迟和稀疏的标签数据形式，它不是在每个数据点中获得特定的答案，回报函数会提示结果是否在朝着目标方向前进。

根据监督学习的定义不难看出，监督学习需要有大量标注好的数据集来对模型进行训练。所以，数据标注就成为目前大部分人工智能算法得以有效运行的关键环节，标注的数据量越大，算法的性能就越好。

1.1.2　国内数据标注行业的发展现状

目前人工智能落地的场景不断丰富，智能化应用正改变着社会生活的方方面面。人工智能行业的快速发展需要海量高质量的标注数据作为支撑，在人工智能产业高速发展的背后，数据标注这个新行业的从业人数也在不断增加。数据标注行业流行着一句话——"有多少智能，就有多少人工"。目前人工智能算法能学习的数据，必须通过人工逐一标注，这些人工标注为人工智能产业提供养料，构建起了人工智能金字塔的基础。

目前国内已有大小近千家数据标注公司，有约 20 多万数据标注员。数据标注行业发展到现在已经不是简单的拉框或打点就能满足的，市场也对数据标注行业提出了更高的要求。首先从标注的复杂程度看，以无人驾驶的汽车拉框标注为例，以前只需要标注基本轮廓就可以，现在不仅从 2D 平面进化到 3D 立体，而且还要标注车头的方向、车辆的左侧和右侧、刹车灯是否开启、转向灯是否开启等。从学历要求方面看，之前是有初高中文化程度就足以胜任数据标注这份工作，现在则普遍要求专科或本科的教育经历，而且某些标注项目还需要行业专业人士来进行，例如，涉及金融、医疗等行业的数据标注项目，如 B 超、CT 的标注，必须由专业医师才能胜任。

数据标注行业近几年发展迅猛，以下从市场端及供应商端来分析目前行业的发展现状。

1．市场端

根据相关数据报告（艾瑞咨询《中国 AI 基础数据服务行业发展报告》）显示，2019—2025 年中国 AI 基础数据服务行业市场规模达 30.9 亿元人民币，如图 1-3 所示。其中图像类、语音类、NLP 类数据需求规模占比分别为 49.7%、39.1%、11.2%；根据需求方投入情况和供应方营收增长情况推算，预计 2025 年市场规模将突破 100 亿元人民币，年化增长率为 21.8%；从技术角度来看，未来一段时间内人工智能算法很难有突破性进展，监督学习依然为主流算法，那么对数据标注的需求量会更大，数据标注行业的发展前景是十分向好的。

各个城市对数据标注的需求量也不一样，总体来讲，发达城市对数据标注的需求量较大。我国目前数据标注需求量最大的五座城市分别是：北京、成都、杭州、上海、深圳。

2．供应商端

目前，供应商端主要分为三类：平台数据供应商、中小数据供应商和需求方自建团队。从供应商端的发展来看，行业内部处于"洗牌"阶段，随着业务门槛提升、客户需求多样化的出现，加大技术投入提高规模化生产能力、提高技术壁垒发展精细化运营方式、增加数据处理等差异化服务，同时增加自身对人工智能算法的理解能力，积极主动配合客户的探索性需求，重视培养海外营销团队，增加数据采集能力，快速迭代自身业务以适应市场需求变化等举措，都是供应商端必须积极主动改进的方向。

图 1-3 2019—2025 年中国 AI 基础数据服务行业市场规模

1.2 数据标注定义及分类

1.2.1 数据标注的定义

数据标注（Data Annotation）是对文本、图像、语音、视频等待标注数据进行归类、整理、编辑、纠错、标记和批注等加工操作，为待标注数据增加标签，生成满足机器学习训练要求的机器可读数据编码的工作。从事数据标注需要了解以下基本概念。

1）标签（Label）

标签主要是标识数据的特征、类别和属性等，可用于建立数据与机器学习训练要求所定义的机器可读数据编码间的联系。

2）标注任务（Annotation Task）

标注任务是指按照数据标注规范对数据集进行标注的过程。

3）数据标注员（Data Labeler）

数据标注员负责对文本、图像、语音、视频等待标注数据进行归类、整理、编辑、纠错、标记和批注。

4）标注工具（Annotation Tool）

标注工具是指数据标注员完成标注任务产生标注结果所需的工具和软件。标注工具按照自动化程度不同，可分为手动标注工具、半自动标注工具和自动标注工具。

1.2.2　数据标注的工作特点

数据标注的工作特点是由数据标注项目的特点所决定的，首先数据标注项目总量相对较大，需要参与的数据标注员也相对较多。在数据标注过程中，需要根据效果不断进行需求调整，因此，数据标注员拥有以下几点能力尤为重要。

可迁移学习能力：随着人工智能在各个行业场景的落地，数据标注的需求种类越来越丰富，数据标注的要求也越来越细致。因此，对数据标注员来说，不仅要具有数据标注技能，更要了解并快速学习掌握行业知识，而且还要结合算法及应用场景快速适应数据标注需求。

重复标记能力：重复是对工作形式的一种表述，但对其工作内容会有很多变化。

细心专注能力：在数据标注行业细心专注尤为重要。随着数据的增多，细心专注地完成每次数据标注是一件需要耐心的持续性工作。

总结提炼能力：由于需求迭代的不确定性，要求数据标注员在数据标注过程中根据标注的大量数据可以主动提炼出参考方向，以便优化标注需求，从而得到更高质量的标注数据集。

1.2.3　数据标注的基本流程

数据标注的基本流程如图 1-4 所示，一般包括 4 个环节：数据采集、数据清洗、数据标注、数据质检。

图 1-4　数据标注的基本流程

1．数据采集

数据采集是整个数据标注基本流程的首要环节。数据标注众包平台的数据主要来自提出数据标注需求的人工智能公司。这些人工智能公司的数据又是从何而来的呢？比较常见的是通过互联网获取公开数据集与专业数据集。公开数据集是政府、科研机构等对外开放的资源，获取比较简单。专业数据集比较耗费人力和物力，有时需要通过人工采集或购买获得，有时也需要通过拍摄、录制等自主手段获得。

2．数据清洗

在完成数据采集后，并不是每一条数据都能够直接使用，有些数据是不完整、不一致、有噪声的脏数据，这些数据需要通过数据预处理，才能真正用于问题的分析和研究中。在数据预处理过程中，对脏数据进行数据清洗是重要的环节。

在数据清洗时，应对所采集的数据进行筛选，去掉重复的、无关的数据，并对数据集中存在的异常值与缺失值进行查缺补漏，同时平滑噪声数据，最大限度地纠正数据的不一致性和不完整性，将数据统一成适合标注且与主题密切相关的待标注数据集。

3．数据标注

完成数据清洗后，即可进入数据标注环节。数据标注员负责标注数据，可采用分类标注、标框标注、区域标注、描点标注或其他标注方法进行数据标注。

4．数据质检

无论是数据采集、数据清洗还是数据标注，人工处理数据的方式并不能保证完全准确。为了提高数据输出的准确率，数据质检成为重要的环节，而最终通过质检环节的数据才算是真正完成了数据标注工作。

数据质检是非常关键的一个环节，常用的数据质检方法如表 1-1 所示。

表 1-1　常用的数据质检方法

数据质检方法	详细描述
多人验证	多人做同一个子任务，通过数据标注工具的功能自动或人工辅助选择出最优、最正确的标注结果
埋题验证	在任务进行期间，除常规数据标注子任务外，在任务中混进若干已知结果的测试题，以此验证数据标注员的标注水平
标注人员状态验证	通过一定方法对数据标注员的操作规范性、实时注意力状态、数据标注准确率等方面进行检查与监测，及时发现操作违规问题，保证数据质量
机器验证	在任务进行期间使用机器学习方法，获得数据准确率，一旦发现离群点或数据准确率明显的降低趋势，及时对数据标注员进行预警和警告

1.2.4　数据标注的分类

数据标注的分类可以从不同的维度进行，如待标注数据类型、标注方式、行业等，最常见的分类方法是根据待标注数据类型进行分类的。

1．文本标注

文本标注主要是用于自然语言处理（Natural Language Processing，NLP），自然语言是人类智慧的结晶，NLP 也是人工智能领域最困难的问题之一。这也不难理解，因为自然语言表达的意思与语境有密切的关系，同样的一句话，语境不同，传递的信息也会大相径庭。目前 NLP 的应用领域非常广泛，如客服行业、金融行业、医疗行业等。文本标注方式有分词标注、词性标注、情感标注、意图识别、实体标注等。

2．音频标注

音频标注主要用于语音识别（Automatic Speech Recognition，ASR）和语音合成（Text-To-Speech，TTS），ASR 主要是将语音转化成文字，TTS 主要是将文字转化为语音。目前较常见的应用场景有智能客服、电话机器人、iPhone 的 Siri 等。音频标注方式有语音转写、语音情感标注等。

3．图像标注

图像标注主要用于为计算机视觉的相关算法提供数据集，人脸识别、自动驾驶、车牌识别及医疗影像的识别等都会用到图像标注。图像标注方式有矩形框标注、多边形拉框、打点、

OCR 识别、语义分割、图像审核分类等。

4．视频标注

视频标注目前的解决方案大部分是通过对视频取帧后进行图像标注，然后再进行合成训练，视频标注目前的应用场景也逐渐增多，如监控视频、自动驾驶、智慧交通等。视频标注方式基本和图像标注一致。

数据标注的分类比较如表 1-2 所示。

表 1-2　数据标注的分类比较

分类方式		概　念	优　点	缺　点
标注对象	图像标注	图像标注和视频标注统称为图像标注	使人脸识别和自动驾驶等技术得到发展和完善	相对复杂且耗时
	音频标注	需要人工将语音内容转化为文本内容，然后通过算法模型识别转化后的文本内容	帮助人工智能领域中的语音识别功能更加完善	算法无法直接理解语音内容，需要进行文本转化
	文本标注	与音频标注相似，都需要通过人工识别转化成文本内容	减少了文本识别行业和领域的人工工作量	人工识别过程复杂
标注的构成形式	结构化标注	数据标签必须在规定的标签候选集内，数据标注员通过将标注对象与标签候选集进行匹配，选出最合理的标签值作为标注结果	标签候选集将标注类别描述得很清晰，便于数据标注员选择；标签是结构化的，利于存储和后期的统计查找	遇到具有二义性标签时往往会影响最终的标注结果
	非结构化标注	数据标注员在规定约束内，自由组织关键字对标注对象进行描述	数据标注员可以清楚地表达自己的观点	给数据存储和使用带来困难，不利于统计分析
	半结构化标注	标签值采用结构化标注，而标签域采用非结构化标注	标注灵活性强，便于统计查找	对数据标注员要求高，且工作量高、耗时
标注者类型	人工标注	雇用经过培训的数据标注员进行标注	标注质量高	标注成本高，时间长，效率低
	机器标注	通常使用智能算法进行标注	标注速度快，成本相对较低	算法对涉及高层语义的对象识别和提取效果不好

1.3　数据标注的应用领域

人工智能的应用场景是制定任何数据标注需求或进行数据标注必须要考虑到的根基。如果数据标注需求脱离应用场景，那么数据标注需求的制定和数据标注将没有任何意义，这个根本原因不是数据标注对与错的问题，而是现阶段算法的局限性，所以应用场景是制定数据标注需求的依据，数据标注员应尽可能理解标注数据的应用场景，这对数据标注的质量有重要意义。

1．出行领域

对于出行领域而言，数据标注除了可用于汽车自动驾驶研发，还可结合物联网数据、交通网络大数据及车载应用技术等进一步帮助用户规划出行路线，优化驾驶环境。常见的数据标注方式有点标注、线标注、框标注、3D 点云标注、场景语义分割、PoI（Point of Interest）标注等。

2．安防领域

安防领域当前主要应用在政府层面，民用层面相对较少。因此，需要进一步提升安防应用的适用性，提高数据处理的效率，推动安防从被动防御向主动预警发展。人脸标注、视频分割、语音采集、行人标注等是安防领域重要的数据标注应用。

3．金融领域

金融领域是人工智能公司最先触及和争相去服务的目标，无论是身份验证、智能投资顾问，还是风险管理、欺诈检测等都是可以落地并且很快能看到成果的应用场景，所以以高质量的标注数据训练人工智能算法的执行效率与准确率，已经成为当前的重要趋势。其中，文字翻译、语义分析、语义转录、图像标注等都得到了很广泛的应用。

4．电子商务领域

在电子商务领域，数据标注能够帮助商家进一步深度挖掘数据集，对用户精准的标签化处理，进一步建立用户兴趣图谱与用户画像，建立用户全生命周期数据，预测需求趋势，优化价格，推荐高转化的用户场景，最终达到精准营销的目的。

5．公共服务领域

对各种公共服务数据进行智能化处理是提高公共服务水平和效率的关键。在智能化处理的过程中，检查内容是否符合要求的内容审核，对具有相同意义的语句进行归类的语义分析、意图识别、语音转录，以及视频审核、文本审核等都是数据标注常见的应用。

在人工智能的推动下，内容审核已经逐渐由人工审核转为机器智能审核，以帮助节约人力成本，目前国内多个网络运营平台已经把大部分内容审核交由机器完成。对于这些机器而言，首先需要学习经过标注处理的数据，明确内容审核的意图和目的，从而提高审核的效率和准确度。

1.4 数据标注行业的运行模式

1.4.1 数据标注的特点

1．数据标注内容的颗粒度小

对文本、音频、图像、视频等进行数据标注时，先根据实际应用场景提炼出数据标注需求从而得到预期标注结果数据，再进行算法训练，数据标注内容的颗粒度越细越好，要尽可能覆盖所有可能性。

2．数据标注需求量大

人工智能算法的训练一般需要训练集、测试集和验证集，一般三者的比例是 6:2:2。特定场景下的算法对标注数据的需求量非常大。例如，截至 2010 年，ImageNet 项目已有 167 个国家的 4 万多名数据标注员提供了约 1400 万张标注过的图像，共分为 2 万多类。

3. 数据标注需求迭代快

人工智能模型最终都要落地到具体的应用场景，为了使训练模型能有更好的效果，在数据标注阶段，数据需求方可能会调整数据标注需求，因此数据标注员要及时调整数据标注规则，尤其是项目管理人员要经常和数据需求方沟通。而且不同阶段数据需求方的项目不同，数据标注需求也会有很大的不同。

1.4.2　数据标注在人工智能中的地位

计算机领域的人工智能是指计算机根据对环境的感知，做出合理的行动并获得最大的收益。要想实现人工智能，计算机需要掌握人类理解和判断事物的能力。数据标注是把需要计算机识别的数据先打上某个具体的标签，让计算机不断识别其特征，强化特征与标签之间的关联，最终实现自主识别。数据服务供应商为人工智能公司提供了大量的带有标签的结构化数据集，供计算机进行训练和学习，保证算法模型的有效性。而数据标注的准确性决定了人工智能的有效性。目前，数据标注在人工智能中占据着非常重要的角色，而且在未来一段时间内依然非常重要。

根据统计预测，到 2025 年产生的数据量将高达 163ZB，其中 90% 的数据是非结构化数据。非结构化数据必须经过数据清洗和数据标注才能深入挖掘其价值，这就产生了源源不断的数据清洗与数据标注的需求，数据标注行业将会迅速扩张。

1.4.3　数据标注的运行模式

数据标注的运行模式如图 1-5 所示。数据标注的运行模式可以参考项目管理（PM），项目管理是指对项目进行系统性的科学化、精细化管理，同时在项目的时间、成本、质量、

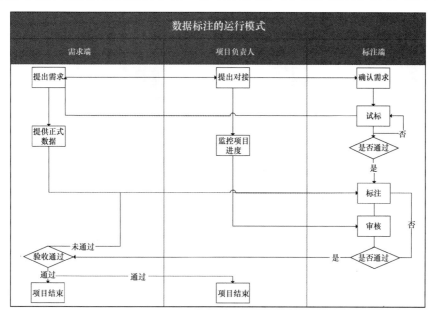

图 1-5　数据标注的运行模式

沟通、风险、人员等方面做好管控，项目管理不是本书的重点内容，如果有兴趣的同学可以参考项目管理相关知识进行学习。

1.5 数据标注行业未来发展趋势及挑战

目前人工智能在计算力和算法层面已实现阶段性成熟，人工智能想要更加契合落地需求，就需要大量经过标注处理的数据作为算法训练的支撑。可以说数据决定了人工智能的落地程度，更具前瞻性的数据集产品和高度定制化数据服务将成为数据标注行业发展的主流方向。

然而，由于数据标注行业存在门槛较低、服务质量参差不齐等问题，数据需求方在选择数据服务方时往往会遇到数据质量差、服务效率低、数据安全性差、管理能力弱等问题，这些问题已经成为阻碍数据标注行业发展的核心问题，只有解决这些问题，才能让数据标注行业更健康地发展。

1.5.1 数据标注行业竞争加剧

数据标注行业是一个次新行业，目前已进入快速增长期。相关统计资料显示，2019年国内数据标注行业市场规模为30.9亿元人民币，未来几年的平均年增长率为21.8%，预计到2025年，国内数据标注行业市场规模将突破100亿元人民币。

从微观角度来看，数据标注行业市场规模的不断扩大，意味着会吸引更多的行业参与者，同时也意味着潜在市场竞争加剧。由于数据标注行业的准入门槛较低，且过于依赖人力，导致数据标注行业内部云集了大量中小型数据服务供应商。

随着行业技术门槛的提升、人工智能企业数据需求的变化及人力成本的增加，中小型数据服务供应商将面临越来越严峻的生存压力。在未来1～2年内，数据标注行业或将迎来"洗牌期"。

从宏观角度来看，随着人工智能商业化落地进程的加快，人工智能企业对于数据服务供应商也提出了新的要求，高质量、精细化、定制化的数据集越来越受到数据需求方的青睐，这对于数据服务供应商的技术实力、精细化管理能力、流程把控能力等都带来了新的考验。

1.5.2 政策的有力支持

人工智能是新一轮产业变革的核心驱动力，将进一步释放历次科技革命和产业变革积蓄的巨大能量，并创造新的强大引擎，重构生产、分配、交换、消费等经济活动各环节，形成从宏观到微观各领域的智能化新需求，催生新技术、新产品、新产业、新业态和新模式。人工智能正在与各行各业快速融合，助力传统行业转型升级、提质增效，政府高度重视人工智能的技术进步与产业发展，人工智能已上升为国家战略。工业和信息化部印发了《促进新一代人工智能产业发展三年行动计划（2018—2020年）》，大力扶持人工智能产业的发展，数据标注是人工智能重要的一部分，必将迎来新的发展。

2020年2月，"人工智能训练师"正式成为新职业并纳入国家职业分类目录，隶属于软件和信息技术服务人员类。"人工智能训练师"从概念发展成为一个新的职业,只用了短短几年的时间。

"人工智能训练师"的主要工作任务是标注和加工原始数据、分析提炼专业领域特征,训练和评测人工智能产品相关的算法、功能和性能,设计交互流程和应用解决方案,监控分析管理产品应用数据、调整优化参数配置等。

"人工智能训练师"的主要职责如下。

(1)提供数据标注规则:通过算法聚类、标注分析等方式,从数据中提取行业特征场景,并结合行业知识,提供表达精准、逻辑清晰的数据标注规则,最终确保数据训练效果能满足产品的需求。

(2)数据验收及管理:参与模型搭建和数据验收,并负责核心指标和数据的日常跟踪维护。

(3)积累领域通用数据:根据细分领域的数据应用要求,从已有数据中挑选符合要求的通用数据(适用于同领域内不同用户),形成数据的沉淀和积累。

虽然从国家的层面已经认定了这个新的职业,但是随着人工智能的兴起,深度学习、增强学习等人工智能领域对数据标注的要求越来越高,数据标注的重要性不断突显的同时也将面临一些问题和挑战。

1.5.3 面临的问题和挑战

1. 数据标注需求难度加大,行业结合深入不够

数据标注的应用场景十分广泛,不同的应用场景对应不同的数据标注需求。例如,自动驾驶领域主要涉及行人识别、车辆识别、红绿灯识别和道路识别等内容,智慧安防领域主要涉及面部识别、人脸探测、视觉搜索、人脸关键信息点提取及车牌识别等内容。随着人工智能从算法研究阶段转为在现实场景中落地使用,现实场景的千变万化对数据服务供应商的定制化数据标注能力提出了新的挑战。数据标注需求也更具有难度,同时也需更贴近行业实际场景,因此对数据标注员的素质要求越来越高。例如,在医疗领域的数据标注中,CT、DR 等医疗影像数据,在数据标注过程中必须由专业且具有丰富临床经验的医生来进行标注。医疗影像数据有"同病异影,异影同病"的特点,所以需要结合专业知识和长久以来积累的经验才能做出准确的判断。而实际上人工智能就是将先验知识转化成算法的学习资料。人工智能商业化落地对数据标注员的业务技能提出了更高的要求,数据标注员既要了解技术知识,又要能快速转化行业知识,并将两者相结合标注出高质量的数据。

2. 半自动化标注工具及管理平台的研发不足

数据标注行业的特殊性决定了其对于人力的高度依赖性,目前主流的数据标注方法是数据标注员根据数据标注需求,借助相关数据标注工具在数据上完成如分类、画框、注释和数据标记等工作。

由于数据标注员能力素质的参差不齐及数据标注工具功能的不完善,数据服务供应商在

数据标注效率及数据标注质量上均有所欠缺。

据阿里巴巴集团调研数据显示，预计到 2022 年，国内外人工智能训练师的从业人数有望达到 500 万，随着人工智能的快速发展和相关从业人数的增加，对技术解决方案的需求也日益凸显。目前主要关注的两个重点是如何提高数据标注效率及如何做好项目管理。

1）如何提高数据标注效率

目前，提高数据标注效率的最好方式是对待标注数据进行预处理，先把待标注的数据通过相关算法处理得到一个中间数据集，此中间数据集虽然无法满足客户直接使用的需求，但是对预处理过的数据集再进行数据标注，可以大大缩短人工数据标注的时间，从而提高数据标注的效率。

2）如何做好项目管理

数据标注的项目管理是一个精细化管理的过程，这是由数据标注的特点决定的，要把项目的时间、成本、质量、沟通、风险等各方面管理好。最好的方式便是对人员及项目类型等因素做详细的积累分析，并通过管理工具进行跟踪记录。

此外，目前很多数据服务供应商忽视或完全不具备人机协作能力，还没有意识到人工智能对数据标注行业的反哺作用。实际上，将人工智能引入数据标注过程和质检过程，不仅可以有效提高数据标注效率，同时也可以极大地提高标注数据集的准确度。

3．数据标注质量的把控不过关

现阶段，数据标注主要依靠人力来完成，人力成本占据数据服务供应商总成本的绝大部分。因此很多数据服务供应商都放弃自建数据标注团队，转而通过分包、转包的众包模式完成数据标注业务。

与自建数据标注团队相比，众包模式的成本较低且比较灵活，但是众包模式信息链过长，数据标注员业务能力参差不齐，标注的数据质量难以把控，交给数据需求方的标注数据返回率较高，项目周期容易超时，最终丧失数据需求方的信任而失去项目来源。

4．数据安全与隐私的保护不容乐观

数据是人工智能公司最重要的核心资源，所以数据安全是整个产业链未来最重要的一部分。目前由于处在行业发展初期，行业规范不完善，很多项目都存在数据泄露的风险，很多公司在研究如何从技术角度能够更好地保证数据的安全性，目前产生了如数据治理、数据分割、数据安全传输和区块链等技术。

数据治理：数据治理是指对于数据采集、数据清洗、数据标注到数据交付整个项目生命周期每个阶段进行识别、度量、监控、预警等一系列管理措施。

数据分割：数据分割是指将待标注数据进行最小可标注颗粒度分割，然后经由平台分发给互不知情的数据标注员来进行数据标注，平台分发回收均由接口完成。

数据安全传输：为了避免在数据传输过程中数据被窃取、被复制等，就必须对数据传输过程进行压缩、加密等操作。

区块链：基于区块链的数据标注平台采用强加密算法及分布式技术来保证数据安全。

1.5.4 数据标注行业的前景与发展

数据标注行业前景广阔，但也面临诸多挑战。数据标注的准确性决定了人工智能算法的有效性。因此，数据标注不仅需要系统的方法、技术和工具，还需要质量保障体系。数据标注行业目前处于初级阶段，相关的技术不完善，在各个节点上都有极大的优化潜力和发展空间。

在可预见的行业变革期内，无论是中小型数据服务供应商还是品牌数据服务供应商都无法在这场变革中独善其身，唯有不断提升自身技术实力、快速迭代自身业务以适应需求变化，并打造品牌与实力的双重口碑效应，才能在激烈的市场竞争中更具优势，建立技术壁垒，从而保证自身在竞争中立于不败之地，竞争是行业健康发展的最佳动力。

习　题

简答题

1．请简述目前深度学习主要的四种方式及思想。
2．请简述数据标注的基本流程及各流程的主要任务。
3．根据数据类型对数据标注进行分类，数据标注可以分为哪几类？
4．随着人工智能的兴起，数据标注行业将面临哪些挑战？

第2章　数据的来龙去脉

数据是一笔宝贵的财富，互联网的普及产生了海量的数据，但是从海量数据中提取需要的信息反而更加困难，出现了"富数据、穷信息"的尴尬局面。为了从海量数据中获取有用的信息，大数据产业和人工智能产业发展迅猛，并伴生出了一门新兴的研究数据的学科——数据科学。

人工智能发展有三个要素：计算力（机器）、模型（算法）、数据，现在前两个要素的发展速度很快，而数据已经成为制约人工智能发展的"瓶颈"。尤其是监督学习，需要大量标注的数据。本章从多个角度对数据的前世今生进行概述，让数据标注员能够了解数据的各个方面。

2.1　认识数据

2.1.1　数和数据的区别

人们对数的概念形成于数学学科，孩童时期就开始接触"数"的概念，如一个糖果、十根手指等。在之后的生活和工作中，人们会更加频繁地和"数"打交道，对"数"有更深层次的理解。在数学中，数是一个抽象的概念，由特定的数字符号组成。例如，在十进制表示中用 0、1、2、3、4、5、6、7、8、9 来表示数。而数据是在现实世界特定场景中表示某种度量的数值。例如，北京到洛阳的距离是 800km，小明的身高是 170cm，小华今年 20 岁，这里的 800km、170cm、20 岁都是一个特定的数据。数据是表示事物、对象的属性或反映其物理特征的数值。在数学中，数有整数和实数的概念，还有正数和负数的区别，但在计算机中，数据有更丰富的内涵，文字、符号、图像、声音等也都是数据。

2.1.2　通信中数据的分类

通信中的数据可以分为模拟数据和数字数据。

1. 模拟数据

模拟数据（Analog Data）是由传感器采集得到的连续变化的值，如温度、压力，以及电话系统、无线电和电视广播中的声音和图像都是模拟数据。模拟数据可以转换为模拟信号，即传输介质中传送的连续变化的电磁波。模拟数据是连续的，无法直接在计算机中存储。

2. 数字数据

数字数据（Digital Data）是模拟数据经过量化后得到的离散的值。例如，在计算机中用二进制编码表示的字符、图像、音频与视频数据。数字信号是在传输介质中传送的电压脉冲序列。

2.1.3　计算机中数据的编码

计算机只能存储和处理离散的数据。数学中的数值型数据可以转换为二进制编码在计算机内部存储，常见的整型数据编码有原码、反码、补码、BCD 码等，实型数据通过浮动小数点转换为尾数加阶码的浮点数编码格式在计算机中存储。

那么字符、图像、音频和视频等非数值型数据是如何在计算机中存储的呢？字符型数据可以通过一个字符映射为一个编码的方式，将每个字符映射为一个二进制编码进行存储，所有用到的字符形成一个字符编码集，如英文字符的 ASCII 编码，中文的 BIG5 编码、GB18030 编码，国际标准字符集 Unicode 编码等。音频数据可以通过对物理声波的模拟信号数据离散、采样、量化进行编码存储。图像数据由光学镜头采集到连续的光信号数据，光信号数据通过光电传感器转换为电信号数据，再通过网格化采样、量化转换为离散的像素点信息，再对每个像素点的信息进行编码存储。

2.1.4　数据文件

数据在计算机中是以文件的形式存储的，文件是指存储在某种外部存储器（如硬盘、光盘、U 盘等）上的一段数据流，外部存储器的特点是所存信息可以长期、多次使用，不会因为断电而消失。

为了便于管理磁盘上的文件，操作系统会为磁盘创建某种格式的文件系统，存储在磁盘上的文件必须具备三个要素：文件路径、文件名、文件格式，如 "E:\无人车\线上标注软件使用说明.docx"。

文件格式（文件类型）是指计算机为了存储数据而使用的对数据的特殊编码方式，不同数据的文件格式是不同的，以不同文件扩展名来进行区分。如 word 文件的扩展名为.doc 或.docx，常见的图像文件格式是.jpg、.bmp、.png 等，常见的音频文件格式.mp3、.wav、.mid、.au 等。某种文件格式需要特定的应用程序才能够正确打开。在进行数据标注时，不同类型的标注数据对应的文件格式是不同的。

2.2　数据采集

数据采集，又称数据获取，它指利用某种装置从系统外部采集数据并输入系统内部。数据采集广泛应用在各个领域，麦克风、摄像头、压力表、标尺、温度传感器等都是数据采集工具。

采集的数据是已经被转换为电信号的各种物理量，如温度、水位、风速、压力等，采集的信号可以是模拟量，也可以是数字量。数据采集一般采用采样方式，即每隔一定时间（称为采样周期）对同一点的数据重复采集。采集的数据大多是瞬时值，也可能是某段时间内的一个特征值。数据采集最基础的要求是保证数据准确性。数据采集的目的是搜集符合数据挖掘（人工智能训练模型）研究要求的原始数据。在互联网快速发展的今天，数据采集已经被广泛应用于互联网及分布式领域。原始数据是研究者拿到的一手数据或者二手数据，既可以从现有、可用的海量数据中搜集提取有用的二手数据，也可以通过问卷调查、采访、沟通、拍照、录音或其他方式获得一手数据。不管采用哪种方法，得到数据的过程都可以称为数据采集。

数据采集是整个数据标注流程的第一个环节。目前对于数据标注众包平台而言，其数据主要来源于提出数据标注需求的人工智能公司。人工智能公司的数据可以从项目合作方获取，比较常见的是通过互联网获取公开的数据集与专业数据集。

2.2.1 数据采集渠道

1. 直接购买或共享行业数据

有很多专门做行业研究的组织、公司和机构，能够在某一特定领域获取大量的数据，这些组织、公司和机构会通过有偿或无偿的方式将数据共享给数据需求者，例如，ICPSR 提供全球领先的社会和行为学研究数据。数据需求者包括开放的网站（包括科研、算法竞赛、政府开发数据、个人组织公开数据等）、运营商、行业数据分析公司等。

2. 网络数据采集

网络爬虫：网络爬虫（又称网页蜘蛛、网络机器人）是一种按照一定的规则，自动地抓取网页信息的程序或者脚本。

数据埋点：数据埋点也是网络数据采集经常采用的一种方式。数据埋点分为初级、中级、高级三种方式。

初级方式：在产品、服务转化关键点植入统计代码，根据其独立 ID（如购买按钮点击率）确保采集到的数据是不重复的。

中级方式：植入多段代码，追踪用户在平台每个界面上的系列行为，事件之间相互独立（例如，打开商品详情页—选择商品型号—加入购物车—下单—购买完成）。

高级方式：联合公司工程、ETL 采集分析用户行为，建立用户画像，还原用户行为模型，作为产品分析、优化的基础。

数据埋点是一种良好的私有化部署数据采集方式，数据采集准确，能满足产品、服务快速优化迭代的需求。

3. 第三方合作

第三方合作是指组织与组织之间合作，交换或购买数据来整合行业资源。例如，我们在网上搜索了一款商品，在浏览另一个平台时会看到有关该类商品的广告，这就是数据交换的结果。

4．自行采集

根据要训练的算法模型的需要，数据需求者可以自行采集数据，也可以委托数据标注平台采集数据，现在很多数据标注平台都提供数据采集的业务，它们将数据采集任务以众包的形式发布在网站上，付费给网友来协助采集。

2.2.2　数据采集的注意事项

1．深度理解

每个人对信息的看法和角度不同，从而导致信息在传递中出现滞后和误差。人工智能公司对数据采集项目的理解程度要求极高，提出的数据采集需求说明具有较高的行业属性。数据服务团队承接数据采集项目时不能只看到表面，而是需要深度理解项目的含义，这样才能高质量地完成数据采集任务。

2．及时沟通

数据采集过程中会出现不同的状况，在数据采集过程中出现问题时，需要及时同客户进行沟通，协商解决问题的办法，做到不隐瞒问题，不降低数据采集标准，一切以解决问题为主。如果客户对数据需求出现了变动，要及时调整数据采集方案。

在整个数据采集项目中后期需要充分考虑时间因素。例如，如果双方约定 10 天交付，那么数据采集团队就需要提前数天完成数据采集工作，为数据清洗、数据打包、数据传输预留出充裕的时间，这样才能在约定时间给客户最优质的数据。

3．采集质量

人工智能公司对数据采集的质量要求比较高，数据服务团队的项目负责人需要深刻理解项目的数据采集标准。在实际的数据采集过程中，要采用合理的数据采集方式，配备具有经验和资质的数据采集人员，严格按照数据采集标准进行数据采集。采集到的数据要进行质量检查，把一些不符合标准的数据剔除，同时也要注重数据采集项目的时效性和数据质量，为人工智能公司提供更优质的数据服务。

2.2.3　标注数据的采集案例

1．人体姿态采集

采集对象：办公室及办公室场景周边的人体姿态。

采集要求：① 图片要求：不可以直接在网络上获取，必须是真实拍摄的照片，不可以做修改；② 年龄分布：18～60 岁；③ 性别分布：男性 100 人，女性 100 人。

场景 1：办公室内。

姿态要求：① 双手平放在桌子上，露出胳膊之间的间隙，左前方放置绿植遮挡部分手臂，遮挡部分不超过左手臂的 1/3；② 左手平放在桌子上，右手五指张开，直立在桌子上，不要遮挡身体躯干，且要求露出胳膊之间的空隙；③ 左手平放在桌子上，右手五指张开，直立在桌子上，不要遮挡身体躯干，且要求露出胳膊之间的空隙，左前方放置绿植遮挡部分手臂，遮挡部分不超过左手臂的 1/2；

场景 2：办公室过道，指房间与其他房间或墙面形成的狭窄区域，非写字楼的楼道及其他场景的楼道。

姿态要求：单人全身出镜，不遮挡面部，站立于过道中间，不依靠两侧墙体或其他物体。

场景 3：室内。

姿态要求：靠墙环抱手臂，双手环抱胸前，臂膀紧靠在墙上，墙壁完整且不为纯白色。室内站立状态下正面背靠绿植或侧面靠绿植。所有照片不可以佩戴口罩或用其他物品遮挡面部。桌面除绿植外，不要有其他物体，单人上半身出镜。

拍摄光线要求：分为正常光线、较暗光线和较亮光线。

照片清晰度：清晰度大于 1080P，无闪光灯及其他光线问题。

文件格式：JPG。

照片数量：30000 张。

适用领域：人体识别。

2．方言采集

采集对象：方言语音。

采集要求：

① 人数分布：总人数 100 人，每天 10 人。

② 地域分布：北方（北京、天津、黑龙江、吉林、辽宁、内蒙古、山东），南方（浙江、上海、江苏、福建、贵州、重庆、广西、广东等），中部（河南、安徽、山西、湖北、湖南、江西）。

各地域人数及年龄性别分布如下。

北方：总人数 40 人。其中，15～20 岁（男 6 人，女 4 人）；21～25 岁（男 6 人，女 4 人）；41～45 岁（男 6 人，女 4 人）；46～50 岁（男 6 人，女 4 人）。南方：总人数 30 人。其中，26～30 岁（男 12 人，女 8 人）；31～35 岁（男 6 人，女 4 人）。中部：总人数 30 人。其中，31～35 岁（男 6 人，女 4 人）；36～40 岁（男 12 人，女 8 人）。

采集环境：录音棚。

采集内容：要求采集对象用本地方言朗读一篇给定的文稿，分别朗读三次，语速保持平缓。

音频文件：WAV。

适应领域：语音识别。

3．停车位和交通标志采集

采集对象：停车位及交通标志。

采集场景：停车场。

采集地域：北京、上海、广州、深圳。

采集内容：采集各个停车场停车位图片，以及在停车过程中采集交通标志图片。

采集方法：驾驶员负责开车，采集员负责在后排拍摄。

照片格式：JPG。

照片数量：30000 张。

停车场个数：500 个。

适用领域：自动停车。

2.2.4　数据质量

采集到的数据，尤其是二手数据，其数据质量如何？可以从关联度（Relevancy）、时效性（Recency）、范围（Range）、可信性（Reliability）4 个指标来衡量数据质量。这 4 个指标也称为 4R 原则。

1．关联度

在人工智能领域，关联度是评价数据质量的首要指标。如果关联度不高，其他的衡量指标都毫无意义。例如，在自然语言处理的领域中，若想让机器学会如何与人交流，则需要大量的强关联数据作为基础。

2．时效性

数据应该有较强的时效性，特别是资讯类的数据，对时效性的要求更高。

3．范围

数据采集的目的决定了采集数据的范围。在人工智能领域，范围极大地影响着数据质量，而且范围也代表了数据的完整度。一般情况下，互联网公司的数据完整度较好。

4．可信性

数据的可信性是获取用户信任的关键。

2.3　Python 安装与爬虫采集数据案例

网络爬虫是一种按照一定的规则，自动地获取互联网信息的程序或者脚本。爬虫程序一般都是用 Python 编写的，下面介绍一些 Python 的相关知识。

2.3.1　Python 安装与环境配置

以 Python3.7.7rc1 版本为例演示安装过程。

1．下载 Python

打开 Python 官网：https://www.python.org/，如图 2-1 所示。

选择适合操作系统的版本（如 Windows 或 Mac OS）的 Python 安装包下载。例如，选择适合 Windows 操作系统版本演示安装，在页面的搜索框中输入"3.7.7"，搜索到需要的

python3.7.7rc1 版本，下载到本地硬盘。

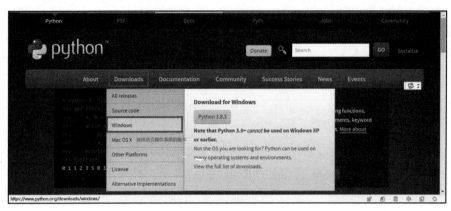

图 2-1　Python 官网

2．安装 Python

找到下载的安装文件，双击 python-3.7.7rc1-amd64.exe 进行安装。在图 2-2 所示的界面中选择"自定义安装"，按照如图 2-2 至图 2-4 所示的步骤完成安装。

图 2-2　Python 安装界面

按照如图 2-3 所示进行复选框的勾选设置，完成 Python 自定义安装。

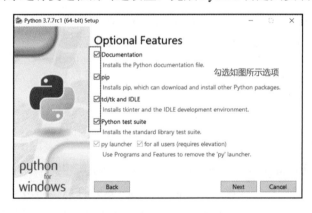

图 2-3　Python 自定义安装

在如图 2-4 所示的自定义安装选项设置中，单击 Browse 按钮自行设置安装路径，并按文字提示勾选相应的复选框，之后单击 Install 按钮进行安装。

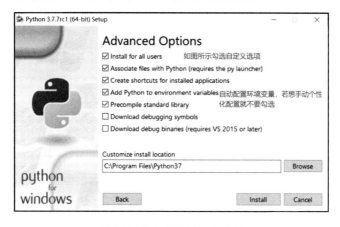

图 2-4　自定义安装选项设置

安装成功的界面如图 2-5 所示。如果安装时没有自动配置环境变量，还需要手动配置环境变量。

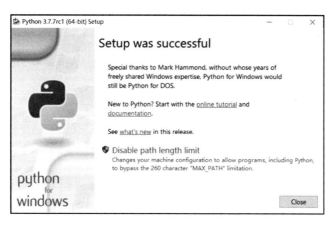

图 2-5　安装成功的界面

3．在 Windows 中手动配置 Python 环境变量

手动配置 Python 环境变量的步骤如下。首先在桌面上右键单击"此电脑"图标，然后选择"属性"命令，打开"系统"对话框。然后按照以下步骤进行配置：① 单击"高级系统设置"命令；② 选择"高级"选项卡；③ 单击窗口下方的"环境变量"按钮，打开"环境变量"对话框；④ 双击"系统变量"中的"Path"行，打开"编辑环境变量"对话框；⑤单击右侧的"新建"按钮，添加 Python 安装路径（如安装路径 C:\Program Files\Python37 或 C:\Program Files\Python37\Scripts），再单击"确定"按钮，如图 2-6 所示。

完成 Python 环境变量的手动配置之后，按 Win+R 组合快捷键，打开"运行"窗口，输入 cmd 命令进入 cmd 命令窗口，在如图 2-7 所示的 cmd 命令窗口中输入"python"，即可看到已安装的 Python 版本的相关信息，表明已经安装成功。

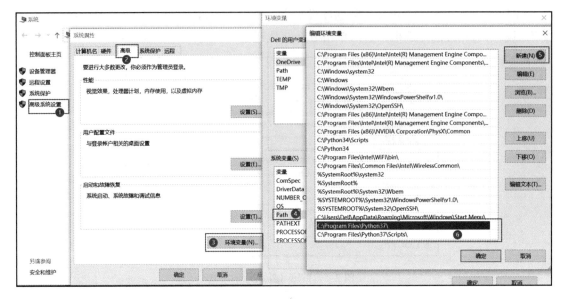

图 2-6　Python 环境变量手动配置

图 2-7　在 cmd 命令窗口查看已安装的 Python 版本的相关信息

4．启动 Python

运行 Python 代码有两种方式，即可以在 Python 命令窗口和 Python 的 IDLE 集成开发环境中运行 Python 代码。因为 Python 是解释型语言，所以可以直接在 Python 命令窗口中执行 Python 代码。如果想要编写大段的 Python 代码，还是使用 Python 的 IDLE 集成开发环境新建一个 Python 源文件更方便，Python 源文件的后缀名是.py。

5．第三方库安装

在 Python 中，库或者模块是指一个包含函数定义、类定义或常量的 Python 程序文件，一般不对这两个概念进行严格区分。除 math（数学模块）、random（与随机数及随机化有关的模块）、datetime（日期时间模块）、urllib（与网页内容读取及网页地址解析有关的模块）等大量标准库外，Python 还有如 scrapy（爬虫框架）、sklearn（用于机器学习）、tensorflow（用于深度学习）等几乎渗透到所有领域的扩展库。到目前为止，Python 的扩展库已经超过 15 万个，并且还在增加，扩展库可以实现更高效的开发。

标准的 Python 安装包中只包含了标准库，不含任何扩展库，开发人员可以根据实际需要选择合适的扩展库进行安装和使用。Python 自带的 pip 工具是管理扩展库的主要方式，pip

工具支持扩展库的安装、升级和卸载等操作。在 cmd 命令窗口中使用"pip install 库名"命令，即可在线安装扩展库，"pip uninstall 库名"命令可以卸载已安装的扩展库，"pip list"命令可以查看当前已经安装的所有扩展库及其版本号。如果计算机中安装了多个版本 Python 的开发环境，最好切换到相应版本 Python 安装目录的 scripts 目录下执行相关的 pip 命令。

简单的网络爬虫需要使用 Requests 库和 BeautifulSoup 库来获取网页上的文字与图片。下面以这两个库的安装为例来介绍 Python 扩展库的安装方法。

按 Win+R 组合快捷键打开 cmd 命令窗口，分别输入"pip install requests"命令和"pip install beautifulsoup4"命令，如图 2-8 所示，即可完成 Requetsts 库和 BeautifulSoup 库的安装，一定要看到安装成功的提示信息才表示扩展库安装成功。安装其他扩展库的方法与之类似。

图 2-8　安装 Requests 库和 BeautifulSoup 库

6. 标准库或扩展库中对象的导入

Python 标准库和扩展库中的对象必须先导入才能使用，导入的命令有以下 3 种。

① import 模块名 [as 　别名]。

② import 模块名 import 对象名[as 　别名]。

③ import 模块名 import *。

2.3.2　网络爬虫采集数据案例

网络爬虫是能够自动获取网页上相关信息的程序或者脚本，它是搜索引擎的重要组成部分。传统网络爬虫从一个或若干初始网页的 URL 开始，获取初始网页上的 URL，在获取网页 URL 的过程中，不断从当前网页上获取新的 URL 放入队列，直到满足一定的停止条件才会结束。

下面介绍两个简单的网络爬虫案例。网络爬虫需要使用到扩展库 Requests 库，Requests 库是一个基于 urllib3 的用于发起 http 请求的库。它类似一个 http 客户端，可以连接服务器请求数据，一般会与 BeatifulSoup 库、xpath、正则等解析工具配合使用，可以应付一般的网络爬虫项目。Requests 库的常用方法如表 2-1 所示。

表 2-1　Requests 库的常用方法

方　　法	说　　明
requests.request( )	构造一个请求，支撑各个请求的基础方法
requests.get( )	获取 html 网页的主要方法，对应 http 的 get
requests.head( )	获取 html 网页头信息的方法，对应 http 的 head
requests.post( )	向 html 网页提交 post 请求的方法，对应 http 的 post
requests.put( )	向 html 网页提交 put 请求的方法，对应 http 的 put
requests.patch( )	向 html 网页提交局部修改请求，对应 http 的 patch
requests.delete( )	向 html 网页提交删除请求，对应 http 的 delete

　　简单网络爬虫可以使用扩展库 Requests 库和 BeautifulSoup 库来完成，实现大致过程如下：

（1）Requests 库获得一个请求回应；

（2）BeautifulSoup 库解析 html 文件；

（3）对解析的 Soup 进行查找；

（4）使用 RE 正则表达式；

（5）用 find_all（"xx"）命令定位获取的内容；

（6）对获取的内容进行操作（字符串的加、减等）。

案例一：通过网络爬虫获取已知网页上的所有图片的 URL 链接。

编程思路如下：

（1）导入 Requests 库，向网页发送请求接收请求回应；

（2）抛出异常，判断网页是否成功接收到请求；

（3）判断编码类型，修改编码；

（4）生成一个 Soup，对 html 文件进行解析；

（5）查找标签，获取内容并对获取的内容进行操作。

程序如下：

```python
import requests
from bs4 import BeautifulSoup
import urllib
r=requests.get("http://news.sina.com.cn/photo/rel/csjsy07/399/")
r.encoding=r.apparent_encoding
text=r.text
soup=BeautifulSoup(text,"html.parser")
a=soup.find_all('img',{'class':'b1'})
for i in a:
    print(i['src'])
```

程序运行结果如图 2-9 所示。

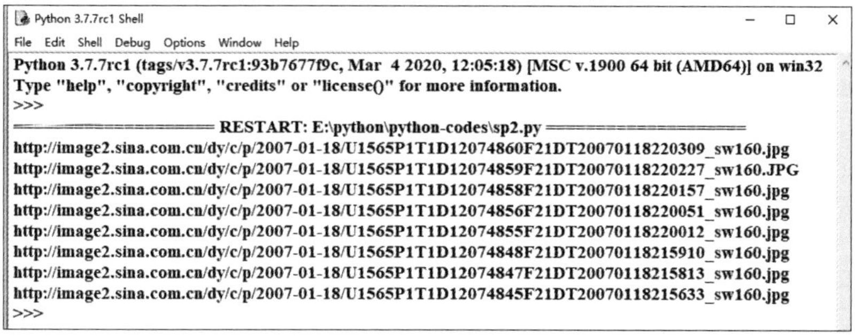

图 2-9　程序运行结果

上面的案例中，只是通过网络爬虫获取了网页上所有图片的链接，接下来要考虑如何下载图片并且保存到本地磁盘。

案例二：通过网络爬虫获取已知网页上的所有图片，并创建一个文件夹 D:\test，将获取的图片自动下载保存到 D:\test 文件夹中。

程序如下：

```python
#导入需要的库
import urllib.request
import re
import os
import urllib
#根据给定的网址来获取网页详细信息，得到的 html 就是网页的源代码
def getHtml(url):
    page = urllib.request.urlopen(url)
    html = page.read( )
    return html.decode('UTF-8')


def getImg(html):
    reg = r'src="(.+?\.jpg)" pic_ext'
    imgre = re.compile(reg)
#表示在整个网页中过滤出所有图片的链接，放在 imglist 中
    imglist = imgre.findall(html)
    x = 0
    path = 'D:\test'
    # 将图片保存到 D:\test 文件夹中，若没有 test 文件夹，则进行创建
    if not os.path.isdir(path):
        os.makedirs(path)
    paths = path+'\\'          #保存在 D:\test 文件夹下
    for imgurl in imglist:
#打开 imglist 中保存的图片的链接，并下载图片保存到本地磁盘，format 的作用是格式化字符串
        urllib.request.urlretrieve(imgurl,'{}{}.jpg'.format(paths,x))
        x = x + 1
    return imglist
```

```
#获取网页详细信息，得到的 html 就是网页的源代码
html = getHtml("http://tieba.baidu.com/p/2460150866")
print (getImg(html))                #从网页源代码中分析并下载保存图片
```

运行程序后，就可以在 D:\test 文件夹下查看下载的图片，如图 2-10 所示。

图 2-10   下载到本地磁盘中的图片

2.4   数据预处理

数据预处理是一种数据挖掘技术，其目的是把原始数据转换为可以理解的格式或者符合数据挖掘的格式。

现实世界中获取的数据大部分是不完整、不一致的脏数据，无法直接进行数据挖掘或者数据挖掘结果差强人意。为了提高数据挖掘的质量产生了数据预处理技术。数据预处理有多种方法，包括数据清洗、数据集成、数据归约、数据变换，如图 2-11 所示。需要注意的是，这些方法不一定会同时使用，或者有时几种方法会结合在一起使用。在数据挖掘之前使用数据预处理技术先对数据进行一定的处理，将极大地提高数据挖掘的质量，降低实际数据挖掘所需的时间。

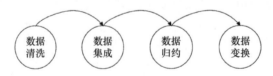

图 2-11   数据预处理方法

2.4.1   数据清洗

数据清洗是指发现并纠正数据文件中可识别的错误，包括检查数据一致性、处理无效值和缺失值等异常数据。

获取数据后，并不是每一条数据都能够直接使用，来自多样化数据源的数据内容并不"完美"。有些数据不完整存在数据缺失，有的数据不一致存在噪声，有的存在错误和重复的异

常数据（脏数据），按照一定的规则把异常数据"洗掉"，这就是数据清洗。在数据清洗中，应对所获取的数据进行筛检，去掉重复、无关数据，补全缺失数据，平滑噪声数据（异常值与错误值），最大限度纠正数据的不一致性和不完整性。

基于准确的数据（高质量数据）进行分析可以帮助训练更为精确的机器学习算法模型。否则，在不准确的数据上进行分析，有可能导致错误的认识和决策。数据清洗也可以集成在ETL（Extract-Transform-Load）过程中，在从数据源建立数据仓库的过程中发挥作用，也可以直接运行在某个数据库上。数据经过清洗以后，最后还是保存到原来的数据库里，数据清洗的基本原理如图 2-12 所示。

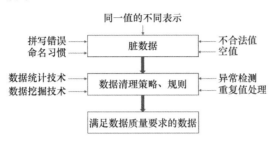

图 2-12　数据清洗的基本原理

数据的异常可分为语法类异常（Syntactical Anomaly）、语义类异常（Semantic Anomaly）和覆盖类异常（Coverage Anomaly）。

1．语法类异常

语法类异常是指表示实体的具体数据的值和格式的错误。语法类异常可分为语法错误、值域格式错误和不规则的取值。

1）词法错误（Lexical Error）

词法错误是指实际数据的结构和指定的结构不一致。

例如，在一张人员表中，每个实体有四个属性，分别是姓名、年龄、性别和身高，而某些记录只有三个属性，数据存在缺失值。

2）值域格式错误（Domain Format Error）

值域格式错误是指实体的某个属性的取值不符合预期的值域中的某种格式。值域是数据的所有可能取值构成的集合。

例如，姓名是字符串类型，在名和姓之间有一个"·"，"John·Smith"是正确的值，"John Smith"不是正确的值。

3）不规则的取值（Irregularity）

不规则的取值是指对取值、单位和简称的使用存在不统一和不规范的问题。

例如，员工的工资字段有的用"元"作为单位，有的用"万元"作为单位。

2．语义类异常

语义类异常是指数据不能全面、无重复地表示客观世界的实体，该类异常具体可分为以下四种。

1）违反完整性约束规则（Integrity Constraint Violation）

违反完整性约束规则是指一个元组或几个元组不符合（实体完整性、参照完整性和用户自定义完整性）完整性约束规则。

例如，规定员工工资字段必须大于 0，若某个员工的工资小于 0，则违反完整性约束规则。

2）数据中出现矛盾（Contradiction）

数据中出现矛盾是指一个元组的各个属性取值，或者不同元组的各个属性的取值违反这些取值的依赖关系。

例如，账单表里的实付金额为商品总金额减去折扣金额，但在数据库某个账单的实付金额不等于商品总金额减去折扣金额，这就是数据中出现矛盾。

3）数据中存在重复值（Duplicate）

数据中存在重复值是指两个或者两个以上的元组表示同一个实体。

4）无效的元组（Invalid Tuple）

无效的元组是指某些元组没有对应客观世界的有效实体。

例如，员工表中有一个员工，姓名为"王华"，但是单位或公司里并没有这个人。

3．覆盖类异常

1）值的缺失（Missing Value）

值的缺失是指在进行数据采集时由于各种原因没有采集到某项相应的数据。

2）元组的缺失（Missing Tuple）

元组的缺失是指在客观世界中，存在某些实体，但是并没有在数据库中通过元组表示出来。

4．缺失数据处理

1）删除含有缺失值的记录

理论上讲，删除含有缺失值的记录的方法主要有简单删除法和权重法。简单删除法是对缺失值进行处理的最原始、最简单的方法。

2）插补缺失值

插补缺失值的思想是以最可能的值来插补缺失值，这比全部删除不完全样本所产生的信息丢失要少。在数据挖掘中，面对的通常是大型的数据库，数据的属性有几十个甚至几百个，因为一个属性值的缺失而放弃大量其他的属性值，这种删除是对信息的极大浪费，所以产生了以可能值对缺失值进行插补的思想与方法，常用的有以下几种方法。

（1）均值插补。数据的属性值可以是定性或定量数据。若缺失值是定量数据，则以该字段存在值的均值来插补缺失的值；若缺失值是定性数据，则根据统计学中的众数原理，用该属性的众数（出现频率最高的值）来插补缺失的值。

（2）同类均值插补。该方法是用层次聚类模型来预测存在缺失值的变量类型，再以该变量类型的均值进行插补。假设 $X=(X_1, X_2,..., X_p)$ 为信息完全的变量，Y 为存在缺失值的变量，首先对 X 或其子集进行聚类，然后按缺失值所属变量类型的均值来插补不同类的缺失数据项。如果在以后统计分析中还需以引入的解释变量和 Y 做分析，那么这种插补方法将在模型中引入自相关，给数据分析造成困难。

（3）极大似然估计。在缺失类型为随机缺失的条件下，假设模型对于完整的样本是正确的，那么通过观测数据的边际分布可以对未知参数进行极大似然估计。这种方法也称为忽略缺失值的极大似然估计，对于极大似然的参数估计实际中常采用的计算方法是期望值最大化。使用前提是大样本，并且有效样本的数量足以保证极大似然估计值是渐近无偏的并且服从正态分布。但是这种方法可能会陷入局部极值，收敛速度也不是很快，并且计算很复杂。

5．重复数据处理

所有字段的值都相等的重复值是一定要剔除的，但在数据集不大的情况下，删除数据会造成数据集更小，根据不同业务场景，有时会选取其中几个字段进行去重操作。

6．噪声数据处理

噪声是被测量变量的随机误差或方差，可以使用基本的数据统计描述技术（如盒图或者散点图）和数据可视化方法来识别可能代表噪声的离群点。噪声数据中存在错误或异常（偏离期望值）的数据，会影响数据分析的结果，例如对于通过迭代来获取最优解的线性算法，训练数据集中若含有大量的噪声数据，则会大大影响算法的收敛速度，甚至对训练生成的模型的准确性也会有很大的副作用。在进行一致性检查时，会发现超出正常范围、逻辑上不合理或者相互矛盾的数据，例如，用 1～7 级量表测量的数据出现了 0 值、体重出现了负数等。SPSS、SAS 和 Excel 等软件都能够根据定义的取值范围，自动识别每个超出范围的变量值。识别出的噪声数据可以通过对数值进行平滑处理来消除噪声，常用的方法有分箱、回归、孤立点分析。

1）分箱（Bining）

分箱通过考察数据的"近邻"（周围的值）来光滑有序的数据值。这些有序的值被分布到一些"桶"或"箱"中。由于分箱考察近邻的值，因此它适合进行局部的光滑。分箱举例如图 2-13 所示。

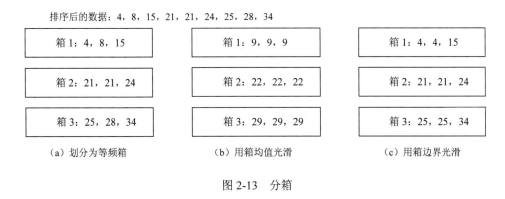

图 2-13　分箱

2）回归（Regression）

回归是指用一个函数拟合数据以达到光滑数据。线性回归需要找出拟合两个属性（或变量）的"最佳"直线，使得一个属性可以用来预测另一个属性。多元线性回归是线性回归的扩充，其中涉及的属性多于两个，并且数据需要拟合到一个多维曲面。

3）离群点分析（Outlier Analysis）

离群点分析是指通过聚类来检测离群点。聚类将类似的值组织成"群"或"簇"，直观地看，落在簇或群之外的值被视为离群点，如图 2-14 所示。

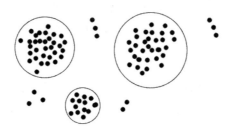

图 2-14　离群点分析

7．数据清洗工具

小规模数据清洗可以借助 Excel，大规模数据清洗可以使用 R 语言或 Python 编程实现。常用数据清洗工具软件有 Excel、Kettle、OpenRefine、DataWrangler、Hawk。

8．使用 Excel 清洗数据

Excel 是微软公司 Microsoft Office 系列办公软件的重要组件之一，是一个功能强大的电子表格程序，能将整齐而美观的表格呈现给用户，还可以将表格中的数据通过多种形式的图形、图表表现出来，增强表格的表达力和感染力。Excel 也是一个复杂的数据管理和分析软件，能完成许多复杂的数据运算，帮助使用者做出最优的决策。利用 Excel 内嵌的各种函数可以方便地实现数据清洗的功能，并且可以利用过滤、排序等工具发现数据的规律。另外，Excel 还支持 VBA 编程，可以实现各种更加复杂的数据运算和清洗。

Excel 中的常见数据清洗函数如下。

（1）LEFT 函数：文本处理函数，快速提取关键信息。

案例说明：若需要对如图 2-15 所示的原始数据表中的"文本内容"，单独提取每条记录中的班级信息，可以使用 LEFT 函数。

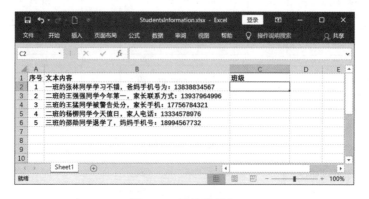

图 2-15　原始数据表

函数公式：=LEFT(B2,2)

函数解析：根据"文本内容"的规律，每条记录中班级信息都出现在左侧最前面两位数据，所以可以通过 LEFT 函数从左侧开始，统一提取两位数据，使用 LEFT 函数后提取的班级信息如图 2-16 所示。

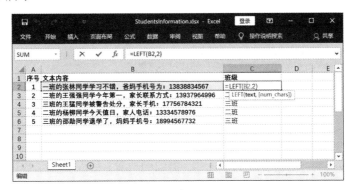

图 2-16　使用 LEFT 函数提取的班级信息

（2）RIGHT 函数：快速提取文本中出现的数字。

案例说明：若需要对如图 2-15 所示的原始数据表中的"文本内容"，单独提取每条记录中的手机号码，可以使用 RIGHT 函数。

函数公式：=RIGHT(B2,11)

函数解析：分析"文本内容"会发现两个特征，一是手机号码都是由 11 位数字构成的；二是"文本内容"中出现的手机号码全都是在最后的 11 位。根据这样的规律就可以利用 RIGHT 函数快速对手机号码进行提取。使用 RIGHT 函数后提取的手机号码如图 2-17 所示。

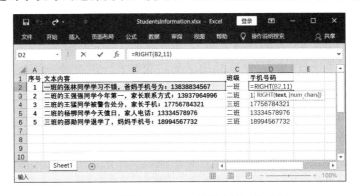

图 2-17　使用 RIGHT 函数提取的手机号码

（3）MID+FIND 函数：根据特定关键词提取所需数据。

案例说明：若需要从如图 2-18 所示的表格中的"文本内容"中提取所需要的手机号码，则使用 LEFT 或 RIGHT 函数都无法完成，需要使用 MIN 和 FIND 函数才能完成。

函数公式：=MID(B2,FIND('：',B2)+1,11)

函数解析：分析"文本内容"会发现手机号码都是由 11 位数字构成的且手机号码前都有一个统一的符号"："，这样就可以通过 MIN 和 FIND 函数进行手机号码的提取。

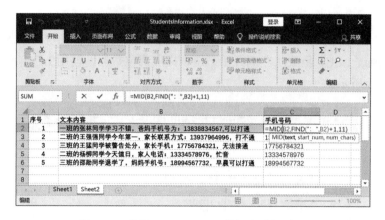

图 2-18　使用 MID+FIND 函数提取手机号码

MID 函数的格式为：MID(提取的单元格, 提取的位置, 提取多少个数)，它可以利用 FIND 函数查找到关键词所在位置后进行数据的提取。

FIND 函数的格式为：FIND(查找的关键词, 对应查找的单元格)，通过 FIND 函数可以查找到对应关键词所在的具体位置。

通过以上三个函数，可以学会提取某列数据中的部分数据，使数据的粒度变小，达到清洗数据的目的，Excel 还提供了"数据分列"功能，可以快速对格式比较统一的列实现数据分列，达到缩小数据粒度的目的。

（4）TRIM 函数：清除单元格两侧的内容。

函数公式：=TRIM(字符串)

MySQL 和 Python 都有同名的内置函数，并且还有 LTRIM 和 RTRIM 的引申用法。

（5）CONCATENATE 函数：合并单元格。

函数公式：=CONCATENATE(单元格 1, 单元格 2)

CONCATENATE ('我','很','帅') 的输出结果是我很帅，还有另一种合并单元格的方式是 &，如'我'&'很'&'帅' 的输出结果是我很帅。当需要合并的内容过多时，CONCATENATE 的效率比较快也比较优雅。

（6）REPLACE 函数：替换掉单元格的某个字符串。

REPLACE 函数在数据清洗使用较多，该函数可以指定替换字符的起始位置。

（7）SUBSTITUTE 函数：进行全局替换。

与 REPLACE 函数的作用接近，但是 SUBSTITUTE 函数是替换为全局替换，没有起始位置的概念。

（8）LEN / LENB 函数：返回字符串的长度。

使用 LEN 函数时，中文计算为一个；使用 LENB 函数时，中文计算为两个。

（9）SEARCH 函数：作用与 FIND 函数类似。

和 FIND 函数作用类似，但是 SEARCH 函数对大小写不敏感，支持通配符"＊"。

（10）TEXT 函数：将数值转化为指定的文本格式。

2.4.2　数据集成

数据集成是把来源、格式、特点性质不同的数据在逻辑上或物理上有机地集中，从而为企业提供全面的数据共享。在企业数据集成领域，已经有了很多成熟的框架可以利用。目前通常采用联邦数据库模式、数据仓库模式、中介者模式等来构造集成的系统，这些系统在不同的着重点和应用上解决数据共享问题，并为企业提供决策支持。

在数据共享的过程当中，由于不同用户提供的数据可能来自不同的途径，其数据内容、数据格式和数据质量千差万别，有时甚至会遇到数据格式不能转换或转换格式后丢失信息等问题，严重阻碍了数据在各部门和各软件系统中的流动与共享。因此，对数据进行有效的集成管理已成为必然的选择。

在企业数据集成领域，已经有了很多成熟的框架可以利用。目前通常采用的数据集成模式有三种：联邦数据库模式（Federated Database）、数据仓库模式（Data Warehousing）、中介者模式（Mediation）。

1．联邦数据库模式

联邦数据库模式是最简单的数据集成模式，它需要在每对数据源之间创建映射（Mapping）和转换（Transform）的软件，该软件称为包装器（Wrapper）。当数据源 X 需要和数据源 Y 进行通信和数据集成时，需要建立数据源 X 和数据源 Y 之间的 Wrapper。联邦数据库模式适合数据源很多，但仅有少数几个数据源之间进行通信和数据集成的情况，若很多个数据源之间都需要进行通信和数据继承，就需要建立大量的 Wrapper；在有 n 个数据源的情况下，最多需要建立 $(n(n-1))/2$ 个 Wrapper，这将使系统变得非常复杂。联邦数据库模式如图 2-19 所示，4 个数据源实现全互联需要建立 6 个 Wrapper。若某些数据源发生变化，则需要修改映射和转换机制，对大量的 Wrapper 进行更新，这将会非常困难。

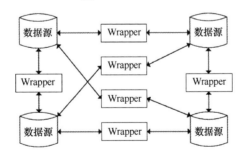

图 2-19　联邦数据库模式

2．数据仓库模式

数据仓库模式是最通用的一种数据集成模式。在数据仓库模式中，数据从各个数据源复制过来，然后进行 ETL，最终存储到一个数据仓库中。数据仓库模式如图 2-20 所示。

ETL 是 Extract、Transfrom 和 Load 的缩写，ETL 在数据仓库之外完成，数据仓库负责存储数据，以备查询。

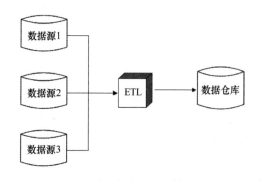

图 2-20　数据仓库模式

在数据仓库模式下，数据集成过程就是一个 ETL 过程，需要解决各个数据源之间的异构性和不一致性。在数据仓库模式下，同样的数据被复制成两份：一份在数据源，一份在数据仓库，及时更新数据仓库中的数据是十分必要的。

3．中介者模式

中介者模式如图 2-21 所示。

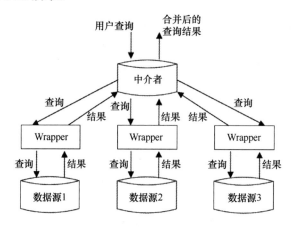

图 2-21　中介者模式

中介者扮演的是数据源的虚拟视图（Virtual View）的角色，中介者本身不保存数据，数据仍然保存在数据源中。中介者维护一个虚拟的数据模式（Virtual Schema），它把各个数据源的数据模式组合起来。数据映射和传输在查询时刻（Query Time）才真正发生。

当用户提交查询时，查询被转换成对各个数据源的若干查询。这些查询分别发送到各个数据源，由各个数据源执行这些查询并返回结果。各个数据源返回的结果经合并（Merge）后，返回给用户。

2.4.3　数据归约

数据归约是指在尽可能保持数据原貌的前提下，最大限度地精简数据的数量。对于小型或中型数据集，一般的数据预处理步骤已经足够。但对大型数据集来讲，在应用数据挖掘技术以前，可能需要采取一个中间的、额外的步骤——数据归约。在海量数据上进行复杂的数据分析扣数据挖掘将需要很长时间，这是不现实甚至是不可行的。数据归约可以用来得到数据集的归约表示，它虽然数据集规模变小了，但仍大体保持原数据的完整性。这样，在数据归约后的数据集上进行数据挖掘将更加有效，并产生相同（或几乎相同）的挖掘分析结果。

1．特征归约

特征归约是从原有的特征中删除不重要或不相关的特征，或者通过对特征进行重组来减少特征的个数。特征归约的原则是在保留、甚至提高原有数据判别能力的同时减少特征向量的维度。特征归约算法的输入是一组特征值，输出的是它的一个特征子集。在领域知识缺乏的情况下进行特征归约时一般包括 3 个步骤。

（1）搜索过程：在特征空间中搜索特征子集，每个特征子集称为一个状态，由选中的特征构成。

（2）评估过程：输入一个状态，通过评估函数或预先设定的阈值，输出一个评估值，搜索算法的目的是使评估值达到最优。

（3）分类过程：使用最终的特征子集完成最后的算法。

特征归约处理的效果如下：

（1）更少的数据和更高的挖掘效率；

（2）更高的数据挖掘处理精度；

（3）简单的数据挖掘处理结果；

（4）更少的特征。

2．样本归约

样本都是已知的，通常样本数目很大，数据质量或高或低，可能缺乏关于实际问题的先验知识。

样本归约就是从数据集中选出一个有代表性的样本子集。确定样本子集的大小要考虑计算成本、存储要求、估计量的精度以及其他一些与算法和数据特性有关的因素。

初始数据集中最关键的数据是样本的数目，也就是数据表中的记录数。数据挖掘处理的初始数据集描述了一个极大的总体，但是对数据的分析只基于一个样本子集。获得数据的样本子集后，用它来提供整个数据集的一些信息，这个样本子集通常称为估计量，它的质量依赖于所选样本子集中的元素。数据取样过程很可能会造成取样误差，取样误差对所有的数据分析方法来讲都是固有的、不可避免的，当样本子集的规模变大时，取样误差一般会降低。一个完整的数据集在理论上是不存在取样误差的。与针对整个数据集的数据挖掘相比，样本归约可以减少成本、速度更快、范围更广，有时甚至能获得更高的精度。

3．特征值归约

特征值归约是特征值离散化技术，它将连续的特征值离散化，使之成为少量的区间，每个区间映射到一个离散符号。特征值归约的好处在于简化了数据描述，并易于理解数据和最终的挖掘结果。

特征值归约可以是有参的，也可以是无参的。有参的特征值规约使用一个模型来评估数据，只需要存放参数，而不需要存放实际数据；

有参的特征值归约有以下两种方式。

（1）回归：包括线性回归和多元回归。

（2）对数线性模型：近似离散多维概率分布。

无参的特征值归约有以下三种方式。

（1）直方图：采用分箱近似数据分布，其中 V-最优和 MaxDiff 直方图是最精确和最实用的。

（2）聚类：将数据元组视为对象，将对象划分为群或聚类，使得在一个群或聚类中的对象"类似"而与其他聚类中的对象"不类似"，在数据归约时用数据的群或聚类代替实际数据。

（3）选样：用数据的较小随机样本表示较大的数据集，如简单选择 n 个样本（类似样本归约）、聚类选样和分层选样等。

2.4.4　数据变换

数据变换是将数据从一种表示形式变换为适用于数据挖掘的另一种形式的过程。数据变换包括数据平滑、数据聚集、数据泛化、数据规范化、属性构造 5 个步骤。

1．数据平滑

数据平滑是指去除数据中的噪声，将连续数据离散化，可采用分箱、聚类和回归的方式进行数据平滑。

2．数据聚集

数据聚集是指对数据进行汇总或聚集。数据聚集通常用来为多粒度数据分析构造数据立方体。

3．数据泛化

数据泛化是指将数据出较低的概念抽象成为较高的概念，减少数据复杂度，即用较高的概念代替较低的概念。

4．数据规范化

数据规范化是使属性数据按比例缩放，这样将原来的数值映射到一个新的特定区域中。常用的数据规范化方法有最小–最大规范化、Z-score 规范化、按小数定标规范化等。

5．属性构造

属性构造是指构造出新的属性并添加到属性集中。通过属性与属性的连接构造新的属性就是特征工程。

2.4.5　数据预处理案例

数据预处理包括导入标准库、导入数据集、数据清洗、数据规约和数据变换。

下面以一个简单的实际应用案例来讲解数据预处理的过程。案例采用 Python 编写程序来进行数据预处理，需要用到 Python 的两个库：Numpy 库和 Pandas 库，如果计算机上没有安装过这两个库，可以参考使用 2.3.1 节介绍过的"pip install 库名"命令方式进行安装。

1．准备数据

数据集中包括 IT 专业人员的信息，如 Nationality、Age、Salary 和 Gender，如图 2-22 所示，可以观察到数据集中包含一些缺失值。

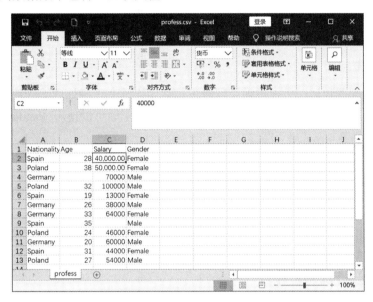

图 2-22　准备数据

2．导入标准库

Numpy 库包含数学工具，它可以实现代码中的多种类型的数学需求。Pandas 库用于导入和管理数据集。

Python 导入 Numpy 库和 Pandas 库的代码如下：

```
import pandas as pd
import numpy as np
```

3．导入数据集

导入标准库之后，接下来需要到导入数据集。把本地文件"profes.csv"导入到 Python 程序中。代码如下：

```
data = pd.read_csv("profess.csv")        #读取数据
print(data)                              #输出数据
```

使用 Pandas 库的 read_csv 方法读取数据文件，并输出程序读取的数据，如图 2-23 所示。

结果表明已经成功将数据集导入到了测试环境中。

```
=========
       Nationality  Age    Salary  Gender
0       Spain       28.0   40,000.00  Female
1       Poland      38.0   50,000.00  Female
2       Germany     NaN    70000    Male
3       Poland      32.0   100000   Male
4       Spain       19.0   13000    Female
5       Germany     26.0   38000    Male
6       Germany     33.0   64000    Female
7       Spain       35.0   NaN      Male
8       Poland      24.0   46000    Female
9       Germany     20.0   60000    Male
10      Spain       31.0   44000    Female
11      Poland      27.0   54000    Male
```

图 2-23　输出程序读取的数据

4．数据清洗

为了更好地管理数据，必须正确处理缺失值。如果没有正确处理缺失值，可能最后得出关于数据的推断是不准确的。缺失值输出时显示为"NaN"，可以使用 Pandas 库的 isnull 函数来查看缺失值信息。

代码如下：

```
print(data.isnull( ).sum( ))
```

缺失值信息如图 2-24 所示。

可以发现 Age 和 Salary 列都有缺失值，缺失值数量都为 1。处理缺失值有多种方法，比较常用的方法有删除含有缺失值的记录和插补缺失值。

1）删除含有缺失值的记录

删除含有缺失值的记录的方法经常用于处理空值，若特定行有特定特征为 d 的空值，就删除特定行。若特定列具有超过 75%的缺失值，则删除特定列。不过要在确保样本数据足够多的情况下才能采用这个方法，因为要确保删除数据后，不会增加偏差。

代码如下：

```
#数据清洗
data.dropna(inplace=True)          #处理缺失值
print(data.isnull( ).sum( ))       #再次输出缺失值信息
```

删除缺失值后的缺失值信息如图2-25所示,可以看到处理过的数据集中各列已不存在缺失值。

```
Nationality   0
Age           1
Salary        1
Gender        0
dtype: int64
>>>
```

```
Nationality   0
Age           0
Salary        0
Gender        0
dtype: int64
>>>
```

图 2-24　缺失值信息　　　图 2-25　删除缺失值后的缺失值信息

也可以重新输出经过数据清洗后的数据集。

代码如下：

```
print(data)          #再次输出数据
```

清洗后的数据集如图 2-26 所示。

再次查看数据集可以发现有缺失值的第 2 行和第 7 行的数据已被删除。

2）插补缺失值

插补缺失值适用于处理含有数字数据的数据集，如有年份、年龄、金额等数字。可以计算数据集中数字特征的平均值、中值或中位数，用其来替换缺失值。与删除含有缺失值的记录相比，插补缺失值可以抵消数据的缺失，造成的数据损失较小，从而产生更好的数据清洗效果。使用 Pandas 库的 medain( )完成 Age 列缺失值的中位数插补。

代码如下：

```
#数据清洗
#将 Age 列中的缺失值替换为 Age 列的中位数
#medain( )是 Pandas 库中求中位数的函数
data['Age']=data['Age'].replace(np.NaN,data['Age'].median( ))  #中位数插补处理缺失值
print(data['Age'])                                            #输出插补之后的 Age 列
```

插补后的 Age 列结果如图 2-27 所示，可以看到第 2 行的数据中缺失的 Age 值已经插补为 28.0。同样也可以利用 median( )方法去插补 Salary 列的缺失值。

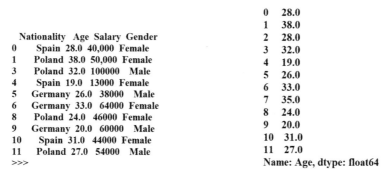

图 2-26　清洗后的数据集　　　　图 2-27　插补后的 Age 列结果

5. 数据规约

为了满足数据挖掘的需求，需要知道工程师们的薪水分布区间，但是数据集中只有 Salary 列，需要给数据集增加 level 列（表示薪水等级），通过 Salary 列进行区间归约，这种方法称为"属性构造"。代码如下：

```
#数据归约
def section(d):
    if 50000 > d:
        return "50000 以下"
    if  100000 > d >= 5000:
        return "50000-100000"
    if  d >=100000:
        return "100000 以上"
data['level'] = data['Salary'].apply(lambda x: section(x))
print(data['level'])
```

对 Salary 列进行数据规约后得到构造属性 level 列，如图 2-28 所示。

```
Name: Age, dtype: float64
0        50000以下
1     50000-100000
2     50000-100000
3          None
4        50000以下
5        50000以下
6     50000-100000
7     50000-100000
8        50000以下
9     50000-100000
10       50000以下
11    50000-100000
Name: level, dtype: object
```

图 2-28 构造属性 level 列

6．数据变换

从数据中可以看到 Salary 列也有缺失值，从业务上理解它应该是数字格式的数据，但是观察发现数据集中 Salary 列有货币格式的数据，这就需要对它进行"数据变换"，转换成所需的数据格式，再做 Salary 列的缺失数据平均值插补，之后完成全部数据的数据规约，最终得到数据集的预处理结果。

代码如下：

```
#数据变换
def convert_currency(d):
    new_value = str(d).replace(",","").replace("$","")        #数据格式变化
    return float(new_value)
data['Salary'] = data['Salary'].apply(convert_currency)
# mean()是 Pandas 库的求平均值的方法
data['Salary'] = data['Salary'].replace(np.NaN,data['Salary'].mean())
print(data)
```

数据的预处理结果如图 2-29 所示。

```
   Nationality  Age     Salary  Gender        level
0        Spain 28.0  40000.000000 Female        50000以下
1       Poland 38.0  50000.000000 Female 50000-100000
2      Germany 28.0  70000.000000   Male 50000-100000
3       Poland 32.0 100000.000000   Male        100000以上
4        Spain 19.0  13000.000000 Female        50000以下
5      Germany 26.0  38000.000000   Male        50000以下
6      Germany 33.0  64000.000000 Female 50000-100000
7        Spain 35.0  52636.363636   Male 50000-100000
8       Poland 24.0  46000.000000 Female        50000以下
9      Germany 20.0  60000.000000   Male 50000-100000
10       Spain 31.0  44000.000000 Female        50000以下
11      Poland 27.0  54000.000000   Male 50000-100000
```

图 2-29 数据的预处理结果

2.5 标注数据

2.5.1 标注数据的用途

数据经过预处理，就可以进行数据标注了。

为什么要进行数据标注？这需要先了解人工智能的一些应用，标注数据提供给做人工智能算法训练的客户，作为训练算法的原料数据集。标注数据就像是"喂"给人工智能算法的食物，"吃"得越多，训练的算法模型就会越好。

进行模型训练之前，需要先把标注好的数据进行分类。训练有监督学习模型的时会将数据划分为训练集、验证集和测试集，最常见的训练集、验证集和测试集的划分比例为0.6:0.2:0.2。对原始数据进行划分，是为了选出效果（可以理解为准确率）最好的、泛化能力最佳的算法模型。

训练集：训练集是用来训练算法模型的，它通过设置分类器的参数来训练算法模型。后续结合验证集可以选出同一参数的不同取值，拟合出多个分类器。

验证集：验证集是用来查看训练效果的，通过训练集训练出多个算法模型后，为了能找出效果最佳的算法模型，使用各个算法模型对验证集数据进行预测，并记录算法模型的准确率。选出效果最佳的算法模型所对应的参数用来对算法模型进行调整。

训练集是用来训练模型的，验证集是用来查看模型训练效果的。若模型朝着坏的方向进行，要及时停止训练，并对算法进行调整。在训练的过程中，几个 epoch 结束后就要用测试集查看模型训练的效果。如果模型设计的不合理，在训练时不容易发现，但是在验证时可能会出现发散、MAP 不增长或者增长很慢等情况，这时可以及时终止训练，重新调整参数或者调整模型，而不需要等到训练结束，这样可以大大节省时间。另外，也可以用训练集来验证模型的泛化能力，如果在验证集上的效果比训练集上差很多，就该考虑模型是否过拟合了。同时，还可以用验证集对不同的算法模型进行对比。

测试集：测试集用来测试模型的实际学习能力。通过训练集和验证集得出最优模型后，使用测试集进行模型预测，用来衡量该最优模型的性能和分类能力。即可以把测试集视为从来不存在的数据集，当已经确定模型参数后，使用测试集进行模型性能评价。

2.5.2　使用标注数据训练算法的流程

1. 数据集制作

1）图片获取

通过拍照或网络获取水果图片 2000 张，照片效果如图 2-30 所示。

图 2-30　照片效果

2）图片标注

使用 labelImg 工具软件进行图片标注，如图 2-31 所示。

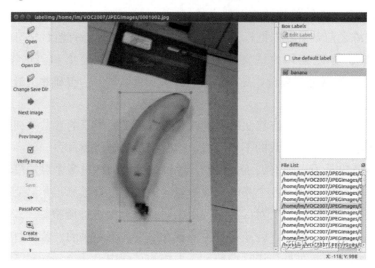

图 2-31　标注图片

把所有的原始图片数据标注好之后，可以得到如图 2-32 所示的标注好的图片和对应的 xml 数据文件。

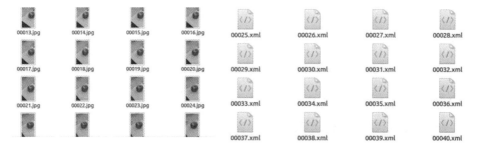

图 2-32　标注好的图片和对应的 xml 数据文件

3）VOC 数据集格式

把标注好的图片保存成 VOC 数据集格式，如图 2-33 所示。

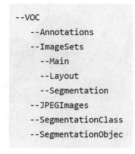

图 2-33　VOC 数据集格式

2．训练

更改 voc_label.py，生成 label 文件如图 2-34 所示，使用准备好的数据集重新训练基于 Darknet 框架的 Yolo V3 模型。在 https://pjreddie.com/media/files/yolov3.weights 上下载训练权重。

voc_label.py 的代码如下：

```python
#voc_label.py
import xml.etree.ElementTree as ET
import pickle
import os
from os import listdir, getcwd
from os.path import join

# sets=[('2012', 'train'), ('2012', 'val'), ('2007', 'train'), ('2007', 'val'), ('2007', 'test')]
# classes = ["aeroplane", "bicycle", "bird", "boat", "bottle", "bus", "car", "cat", "chair", "cow",
"diningtable", "dog", "horse", "motorbike", "person", "pottedplant", "sheep", "sofa", "train", "tvmonitor"]

sets=[('2007', 'train')] 这里只用到训练集，数据集命名为 VOC2017
classes = ["apple", "pear", "banana"] 只用了三个类别作为展示

def convert(size, box):
    dw = 1./(size[0])
    dh = 1./(size[1])
    x = (box[0] + box[1])/2.0 - 1
    y = (box[2] + box[3])/2.0 - 1
    w = box[1] - box[0]
    h = box[3] - box[2]
    x = x*dw
    w = w*dw
    y = y*dh
    h = h*dh
    return (x,y,w,h)

def convert_annotation(year, image_id):
    in_file = open('VOCdevkit/VOC%s/Annotations/%s.xml'%(year, image_id))
    out_file = open('VOCdevkit/VOC%s/labels/%s.txt'%(year, image_id), 'w')
    tree=ET.parse(in_file)
    root = tree.getroot()
    size = root.find('size')
    w = int(size.find('width').text)
    h = int(size.find('height').text)

    for obj in root.iter('object'):
```

```
        difficult = obj.find('difficult').text
        cls = obj.find('name').text
        if cls not in classes or int(difficult)==1:
            continue
        cls_id = classes.index(cls)
        xmlbox = obj.find('bndbox')
        b = (float(xmlbox.find('xmin').text), float(xmlbox.find('xmax').text), float(xmlbox.find('ymin').text),
float(xmlbox.find('ymax').text))
        bb = convert((w,h), b)
        out_file.write(str(cls_id) + " " + " ".join([str(a) for a in bb]) + '\n')


wd = getcwd()

for year, image_set in sets:
    if not os.path.exists('VOCdevkit/VOC%s/labels/'%(year)):
        os.makedirs('VOCdevkit/VOC%s/labels/'%(year))
    image_ids = open('VOCdevkit/VOC%s/ImageSets/Main/%s.txt'%(year, image_set)).read().strip().split()
    list_file = open('%s_%s.txt'%(year, image_set), 'w')
    for image_id in image_ids:
        list_file.write('%s/VOCdevkit/VOC%s/JPEGImages/%s.jpg\n'%(wd, year, image_id))
        convert_annotation(year, image_id)
```

图 2-34　train.txt 文件

3．测试

检测训练的结果，可以看到被检查的图片上的水果被正确识别，如图 2-35 所示。

图 2-35　测试结果

2.6　数据分析与应用

数据分析是指用适当的统计分析方法对收集来的大量数据进行分析，将它们加以汇总和理解，以求最大限度地开发数据的功能，发挥数据的作用。数据分析是提取数据中的有用信息并形成结论，从而对数据加以详细研究和概括总结的过程。

2.6.1　数据分析方法

常用的数据分析方法有聚类分析、因子分析、相关分析、对应分析、回归分析、方差分析。

1．聚类分析

与分类不同，聚类要求划分的类是未知的。聚类是将数据分到不同的簇的过程，同一个簇中的对象有很大的相似性，不同簇的对象有很大的相异性。聚类分析是一种探索性的分析，在聚类过程中，不必事先给出一个标准，聚类分析能够从样本数据出发，自动进行分簇。聚类分析所使用的方法不同，结论通常也会不同。不同研究者对于同一组数据进行聚类分析，得到的簇也可能不一致。

2．因子分析

因子分析是研究从变量群中提取共性因子的统计技术。因子分析最早由英国心理学家C.E.斯皮尔曼提出。他发现学生的各科成绩之间存在着一定的相关性，一科成绩好的学生往往其他各科成绩也比较好，从而推想是否存在某些潜在的共性因子或某些一般智力条件影响着学生的学习成绩。因子分析可在许多变量中找出隐藏且具有代表性的因子，将相同本质的变量归入一个因子，可减少变量的数目，还可检验变量间关系的假设。

3．相关分析

相关分析是研究两个或两个以上处于同等地位的随机变量间的相关关系的统计分析方法。例如，人的身高和体重之间的相关关系、空气中的相对湿度与降雨量之间的相关关系都是相关分析研究的问题。相关分析与回归分析之间的区别是，回归分析侧重于研究随机变量间的依赖关系，以便用一个变量去预测另一个变量；相关分析侧重于发现随机变量间的种种相关特性。相关分析在工农业、水文、气象、社会经济和生物学等方面都有应用。

4．对应分析

对应分析也称为关联分析或 R-Q 型因子分析，是近年新发展起来的一种多元相依变量统计分析技术，它通过分析由定性变量构成的交互汇总表来揭示变量间的联系。对应分析可以揭示同一变量的各个类别之间的差异，以及不同变量各个类别之间的对应关系。对应分析主要应用在市场细分、产品定位、地质研究及计算机工程等领域。它是一种视觉化的数据分析方法，能够将几组看不出任何联系的数据，通过视觉上可以接受的定位图展现出来。

5．回归分析

在统计学中，回归分析也是一种统计分析方法，它主要研究如何确定两种或两种以上变量间相互依赖的定量关系。按照涉及的变量多少，回归分析可以分为一元回归和多元回归分析；按照因变量的多少，回归分析可以分为简单回归分析和多重回归分析；按照自变量和因变量之间的关系类型，回归分析可分为线性回归分析和非线性回归分析。

6．方差分析

方差分析所要解决的问题是根据试验结果，找出有显著作用的因素，以及确定在怎样的水平和工艺条件下能使指标最优，从而达到优质和高产的目的。例如，给植物施用几种肥料，调查分析作物产量在不同肥料之间有无真正的差异时一般常采用方差分析。通过每个数据资料之间所显示的偏差与各组资料中认为属于误差范围内的偏差进行比较，来测验各组资料之间有无显著差异存在。

2.6.2 数据可视化

1．数据可视化

数据可视化是指将大型数据集中的数据以图形或图像的形式表示，并利用数据分析和开发工具发现其中未知信息的处理过程。其基本思想是将数据库中每一个数据项作为单个图元元素表示，大量的数据集构成数据图像，同时将数据的各个属性值以多维数据的形式表示，从不同的维度观察数据，从而对数据进行更深入地观察和分析。

数据可视化能够帮助人们更快地理解数据，提高处理数据的效率，数据可视化能够在小空间中展示大规模数据。

数据可视化技术包含以下几个基本概念：

① 数据空间：是由 n 维属性和 m 个元素组成的数据集所构成的多维信息空间；

② 数据开发：是指利用一定的算法和工具对数据进行定量的推演和计算；

③ 数据分析：是指对多维数据进行切片、块、旋转等动作剖析数据，从而能多角度多侧面观察数据；

④ 数据可视化：是指将大型数据集中的数据以图形或图像形式表示，并利用数据分析和数据开发工具发现其中未知信息的处理过程。

2．Python 数据可视化库——matplotlib 库

matplotlib 库是基于标准库 tkinter 和 Numpy 库的一个可以绘制多种形式图形的扩展库，它能够绘制折线图、散点图、饼图、直方图、雷达图等，该库在数据可视化领域有非常重要的应用。它包括 pylab、pyplot 等绘图模块和大量用于字体、颜色、图例等图形元素的管理和控制的模块，使用非常简短的代码即可绘制出各种优美的图案。下面介绍几个常用的函数来了解如何利用 matplotlib 库实现数据的可视化。

1）直方图绘制函数 bar( )

使用 bar( )函数绘制直方图，可以使用 color 参数设置直方柱的颜色。以下代码可绘制出

一个简单的直方图，如图 2-36 所示。

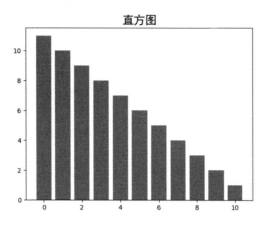

直方图

图 2-36　bar( )函数绘制的直方图

代码如下：

```
import numpy as np
import matplotlib.pyplot as pl
#生成测试数据
x=np.linspace(0,10,11)
y=11-x
#绘制直方图
pl.bar(x,   y,   color='#000000',alpha=0.5)
pl.title('直方图',fontproperties='simhei',fontsize=18)
pl.show( )
```

2）饼图绘制函数 pie( )

matplotlib.pyplot 模块提供了用于饼图绘制的 pie( ) 函数，pie( )函数支持绘制饼图，并能够同时添加标签、颜色、起始角度、绘制方向（顺/逆时针）、中心、半径、阴影等各种属性，以下代码可以绘制一个饼图，如图 2-37 所示。

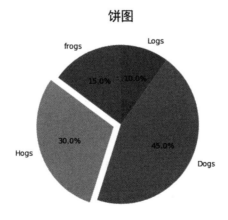

饼图

图 2-37　pie( )函数绘制的饼图

代码如下:

```
import matplotlib.pyplot as pl
labels="frogs","Hogs","Dogs","Logs"
sizes=[15,30,45,10]
explode=(0,0.1,0,0)
pl.pie(sizes,explode=explode,labels=labels,autopct="%1.1f%%",shadow=False,startangle=90)
pl.title('饼图',fontproperties='simhei',fontsize=18)
pl.show( )
```

3）雷达图绘制函数 polar( )

使用 matplotlib.pyplot 模块的 polar( )函数可以绘制雷达图，并可以使用参数设置雷达图的角度、数据、颜色、线型、端点符号及线宽等属性，以下代码可以绘制如图 2-38 所示的雷达图。

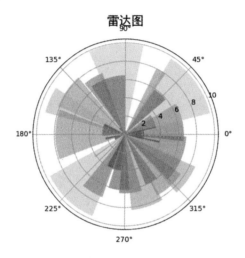

图 2-38   polar( )函数绘制的雷达图

代码如下:

```
import numpy as np
import matplotlib.pyplot as pl

N=30
theta=np.linspace(0.0,2*np.pi,N,endpoint=False)
radii=10*np.random.rand(N)
width=np.pi/4*np.random.rand(N)

ax=pl.subplot(111,projection="polar")
bars=ax.bar(theta,radii,width=width,bottom=0.0)

for r, bar in zip(radii,bars):
    bar.set_facecolor(pl.cm.viridis(r/10.))
    bar.set_alpha(0.5)
```

```
pl.title('雷达图',fontproperties='simhei',fontsize=18)
pl.show( )
```

2.6.3　数据分析与可视化案例

数据分析是基于某种目的，有针对性地进行数据收集、整理、加工和分析数据并提炼出有价值信息的一个过程。其概括起来主要包括明确数据分析目的与框架、数据收集、数据预处理、数据分析、数据可视化五个阶段。

1．明确数据分析目的与框架

一个数据分析项目的数据对象是什么?商业目的是什么?要解决什么业务问题?数据分析员要对这些问题胸有成竹，他们要基于对商业的理解，整理数据分析框架和数据分析思路。例如，减少新客户的流失、优化活动效果、提高客户响应率等。不同的项目对数据的要求，使用的数据分析手段也是不一样的。

2．数据收集

数据收集是按照确定好的数据分析目的和框架内容，有目的地收集、整合相关数据的过程，它是数据分析的基础。

3．数据预处理

数据预处理是指对收集到的数据进行加工、整理，以便开展数据分析，它是数据分析前必不可少的阶段。这个过程是数据分析整个过程中最占据时间的，一定程度上取决于数据仓库的搭建和数据质量的优劣。数据预处理主要包括数据清洗、数据转化等。

4．数据分析

数据分析是指通过数据分析手段、方法和技巧对准备好的数据进行探索、分析，从中发现因果关系、内部联系和业务规律，为商业提供决策参考。

到了数据分析阶段，要想实现驾驭数据并开展数据分析，就要涉及数据分析工具和数据分析方法的使用。首先要熟悉常规数据分析方法，最基本的要了解如回归分析、因子分析、聚类分析、分类分析等数据分析方法的原理、使用范围、优缺点和结果;另外还要熟悉数据分析工具，如最常见的 Excel，一般的数据分析都可以通过 Excel 完成，进而要熟悉专业的数据分析软件，如 SPSS、SAS、Matlab 等，便于进行一些专业的统计分析、数据建模等。

5．数据可视化

一般情况下，数据分析的结果都是通过图、表的方式呈现的，俗话说，字不如表，表不如图。借助数据展现手段，数据分析师可更加直观地呈现希望传达的信息、观点和建议等。

常用的图包括饼图、折线图、柱形图/条形图、散点图、雷达图等、金字塔图、矩阵图、漏斗图、帕雷托图等。

6．案例——某网上商城手机销售数据分析

案例使用 Python 实现数据采集、数据清洗和数据可视化，需要安装 matplotlib 库。

1）数据采集

用网络爬虫获取某网上商城手机销售数据，获得数据集，如表 2-2 所示。该数据集包含爬取信息、商品信息、评分收藏信息等。

表 2-2　cellphone.csv

Index	Column	Non-Null Count	Dtype
0	爬取时间（_time）	1691 non-null	object
1	爬取链接（_url）	1691 non-null	object
2	商品 ID（product_id）	1691 non-null	int64
3	商品名称（name）	1691 non-null	object
4	商品描述（description）	1587 non-null	object
5	商品参数（params）	1691 non-null	object
6	商品现价（current_price）	1691 non-null	object
7	商品原价（original_price）	1691 non-null	object
8	月销量（month_sales_count）	1684 non-null	float64
9	库存（stock）	1675 non-null	float64
10	发货地址（shipping_address）	1691 non-null	object
11	商品发布时间（product_publish_time）	1691 non-null	int64
12	店铺 ID（shop_id）	1691 non-null	int64
13	店铺名称（shop_name）	1691 non-null	object
14	商品链接 URL（url）	1691 non-null	object
15	评分（总分 5.0 分）（score）	1680 non-null	float64
16	收藏数（stores_count）	1691 non-null	int64
17	累计评价数（comments_count）	1679 non-null	float64
18	商品评价印象标签（impresses）	1691 non-null	object
19	Unnamed: 19	0 non-null	float64

表 2-3 为商品的评价信息数据集，包含图片的评价条数、追评条数等。

表 2-3　count_add_comments.csv

Index	Column	Non-Null Count	Dtype
0	图片（picNum）	1232 non-null	float64
1	追评（used）	1176 non-null	float64
2	ID（id）	1691 non-null	int64
3	Unnamed: 3	0 non-null	float64

表 2-4 为该数据集手机商品的具体评价，包括评价时间、评价内容等。

表 2-4　comments.csv

Index	Column	Non-Null Count	Dtype
0	商品 ID（id）	376760 non-null	int64
1	评价时间（time）	376760 non-null	object
2	评价内容（content）	376759 non-null	object

（续表）

Index	Column	Non-Null Count	Dtype
3	爬取链接（spurl）	376760 non-null	object
4	爬取时间（sptime）	376760 non-null	object
5	Unnamed: 5	0 non-null	float64

2）数据清洗

代码如下：

```
#导入数据，发现商品描述、月销量、库存、评分、累计评价数存在缺失值
import pandas as pd
import numpy as np
import matplotlib
phone=pd.read_csv('cellphone.csv')
add_comments=pd.read_csv('count_add_comments.csv')


#缺失值处理+合并
#删除空白列
phone=phone.drop(columns=['Unnamed: 19'])
#先获取列名，在此基础上进行更改
phone.columns
phone.columns=['爬取时间', '爬取链接', '商品 ID', '商品名称', '商品描述', '商品参数', '商品现价','商品原价','月销量','库存','发货地址', '商品发布时间','店铺 ID','店铺名称', '商品链接 URL','评分','收藏数','累计评价数','商品评价印象标签']
#商品描述、月销量、库存、评分、累计评价数存在缺失
#查看月销量为 0 的商品信息
phone[phone['月销量'].isnull()].info()
#对销量为零的数据进行 0 填充
phone['月销量']=phone['月销量'].fillna(0)
#处理库存（0 填充）、评分（删除空白数据）、累计评价数（0 填充）
phone['库存']=phone['库存'].fillna(0)
phone['累计评价数']=phone['累计评价数'].fillna(0)
phone=phone.dropna(subset=['评分'])
#重新梳理 index
phone.index=np.arange(len(phone))


#再对 add_comments 和 phone 进行数据合并
df=pd.merge(phone,add_comments,left_on='商品 ID',right_on='ID(id)')


#最后对合并后的 df 进行列名梳理，删去重复的商品 ID
df.columns=['爬取时间', '爬取链接', '商品 ID', '商品名称', '商品描述', '商品参数','商品现价','商品原价','月销量','库存','发货地址', '商品发布时间','店铺 ID','店铺名称', '商品链接 URL','评分','收藏数','累计评价数','商品评价印象标签','图片', '追评', 'ID(id)', 'Unnamed: 3']
df=df.drop(columns=['Unnamed: 3'])
```

```
df=df.drop(columns=['ID(id)'])

#清洗时间参数
import time
df['商品发布时间']=df['商品发布时间'].apply(lambda op:time.strftime('%Y-%m-%d',time.localtime(op)))

#清洗价格数据
def get_price(s):
    price=s.split('-')
    l=[float(i) for i in price]
    return np.mean(l)
df['商品现价']=df['商品现价'].apply(get_price)
df['商品原价']=df['商品原价'].apply(get_price)
```
#目前得到的"商品现价"和"商品原价"两列均为价格区间的表示格式，无法获取完整的价格，在此取其均值；

```
#清洗发货城市数据
#获得全部省级单位名称，找到全部的省级单位
#将每一个地址的省份提取出来，剩下的就是城市
pro_list=['北京', '天津', '上海', '重庆', '河北', '山西', '辽宁','吉林', '黑龙江', '江苏', '浙江', '安徽', '福建',
'江西', '山东', '河南', '湖北', '湖南', '广东', '海南', '四川', '贵州', '云南', '陕西', '甘肃', '青海', '台湾','内蒙古', '广西',
'西藏', '宁夏', '新疆', '香港', '澳门']
def get_cityname(address):
    for i in pro_list:
        if i in address:
            city=address.replace(i,'')
            if len(city)==0:
                city=i
            return city

def get_provincename(address):
    for i in pro_list:
        if i in address:
            province=i
            return province

df['发货城市']=df['发货地址'].apply(get_cityname)
df['发货省份']=df['发货地址'].apply(get_provincename)

#价格分箱
import matplotlib.pyplot as pl
import matplotlib.font_manager as fm
myfont = fm.FontProperties(fname=r'C:\windows\fonts\STKAITI.TTF')
```

```
price_=df['商品现价'].value_counts().sort_index()
pl.title('价格分箱可视化图',fontproperties='simhei',fontsize=18)
pl.xlabel('价格',fontproperties='simhei',fontsize=12)
pl.ylabel('数量',fontproperties='simhei',fontsize=12)
pl.plot(price_.index,price_)                    #使用 plot( )函数绘制曲线图
```

通过以上代码进行价格分箱，使用 plot( )函数绘制如图 2-39 所示的价格分箱可视图。

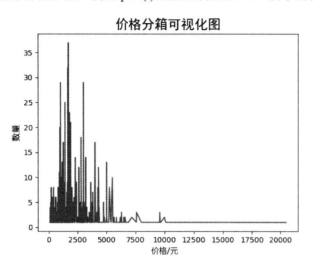

图 2-39　价格分箱可视化图

从图 2-39 中可以看出，价格大致以 1000 元为一个等级，呈现分区分布。于是创建价格等级字段，以便后续进行分析。

代码如下：

```
def get_price_level(p):
    level=p//1000
    if level==0:
        return '0～999'
    if level==1:
        return '1000～1999'
    if level==2:
        return '1999～2999'
    if level==3:
        return '2999～3999'
    if level==4:
        return '3999～4999'
    if level>=5:
        return '5000+'
    else:
        return '计算出错'
df['价格等级']=df['商品现价'].apply(get_price_level)
```

```
#手机参数信息提取
#手机参数信息以字典形式保存，创建一个函数，将每个键值对提取出来，以列的形式呈现；
target=['后置摄像头', '摄像头类型', '视频显示格式', '分辨率', '触摸屏类型', '屏幕尺寸', '网络类型', '
网络模式', '键盘类型', '款式', '运行内存 RAM', '存储容量', '品牌', '华为型号', '电池类型', '核心数', '机身颜色', '
手机类型','操作系统', 'CPU 品牌', '产品名称']
    for t in target:
        def get_pram(p):
            for i in eval(p):
                if i['label']==t:
                    return i['value']
        df[t]=df['商品参数'].apply(get_pram)
```

3）可视化表示

使用 hist( )函数绘制在售手机价格区间柱状图，在售手机价格区间统计可视图如图 2-40
所示。

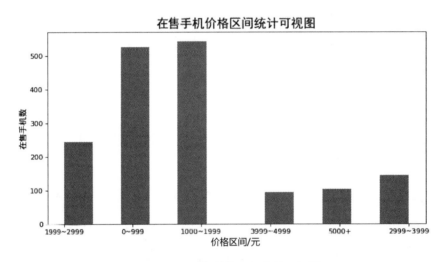

图 2-40　售手机价格区间统计可视图

代码如下：

```
#淘宝在售手机价格区间统计
df=df.drop(df[df['商品原价']>10000].index)
x=df['价格等级']
y=df.groupby('价格等级').count().reset_index
pl.hist(x,bins=12,color='gray',align='mid')                #使用 hist( )函数绘制直方图
#设置图片标题
pl.title('在售手机价格区间统计可视图',fontproperties='simhei',fontsize=18)
pl.xlabel('价格区间',fontproperties='simhei',fontsize=12)        #设置图片 x 轴标签
pl.ylabel('在售手机数',fontproperties='simhei',fontsize=12)        #设置图片 y 轴标签
pl.savefig('在售手机价格区间统计')                #将绘制的柱状图保存为一个.png 文件
```

```
pl.legend(prop=myfont)
pl.show()
```

进一步对在售手机现价与原价进行对比。

代码如下：

```
#先筛选评分 >4.5 的具有分析意义的手机商品
df1=df[df['评分']>4.5]
price1=df1.groupby('品牌')['商品原价'].mean().reset_index()
labels=price1['品牌']
price1=price1['商品原价'].astype(int)
price2=df1.groupby('品牌')['商品现价'].mean().reset_index()
price2=price2['商品现价'].astype(int)
x = np.arange(len(labels))
width = 0.4
fig, ax = pl.subplots(figsize=(16,8))
rects1 = ax.bar(x - width/2, price1, width, label='原价')
rects2 = ax.bar(x + width/2, price2, width, label='现价')
ax.set_ylabel('价格',fontproperties='simhei',fontsize=10)
ax.set_title('现价与原价对比可视图',fontproperties='simhei',fontsize=10)
ax.set_xticks(x)
pl.xticks(rotation=70)
ax.set_xticklabels(labels,fontproperties='simhei',fontsize=5)
ax.legend(fontsize=10)


#数据标签设置
def autolabel(rects):
    for rect in rects:
        height = rect.get_height()
        ax.annotate('{}'.format(height),
                    xy=(rect.get_x() + rect.get_width() / 2, height),
                    xytext=(0, 3),    # 3 points vertical offset
                    textcoords="offset points",
                    ha='center', va='bottom',fontsize=10)
autolabel(rects1)
autolabel(rects2)
pl.tick_params(labelsize=10)
labels = ax.get_xticklabels() + ax.get_yticklabels()
fig.tight_layout()
pl.savefig('手机销售现价&原价对比')
myfont = fm.FontProperties(fname=r'C:\windows\fonts\STKAITI.TTF')
pl.legend(prop=myfont)
pl.show( )
```

以上代码可以绘制在售手机现价与原价的对比图，如图 2-41 所示。

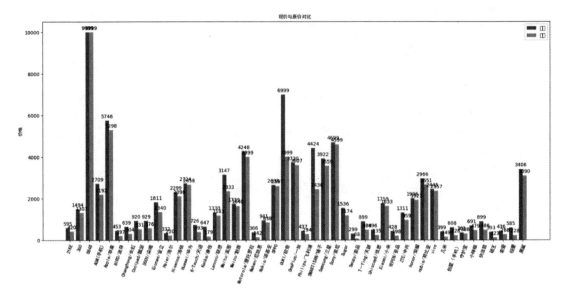

图 2-41　在售手机现价与原价对比图

习　题

一、选择题

1．在计算机内部，数据的表示形式是（　　）。

A）八进制 　　　　　　　　　　B）十进制

C）二进制 　　　　　　　　　　D）十六进制

2．以下（　　）是模拟信号。

A）调频立体声信号 　　　　　　B）电报信号

C）计算机输出的信号 　　　　　D）从光盘读取的信号

3．研究某超市销售记录数据发现，买啤酒的人很大概率也会购买尿布，这种属于数据挖掘的（　　）问题。

A）关联规则发现 　　　　　　　B）聚类

C）分类 　　　　　　　　　　　D）自然语言处理

4．将原始数据进行数据集成、变换、维度规约、数值规约是（　　）的任务。

A）频繁模式挖掘 　　　　　　　B）分类和预测

C）数据预处理 　　　　　　　　D）数据流挖掘

5．（　　）不属于特征选择的标准方法。

A）嵌入 　　　　　　　　　　　B）过滤

C）包装 　　　　　　　　　　　D）抽样

6．若有一组价格数据：5、10、11、13、15、35、50、55、72、92、204、215，使用等频（等深）划分为 4 个分箱时，15 在（　　）箱子内。

A）第一个　　　　　　　　　　　B）第二个

C）第三个　　　　　　　　　　　D）第四个

7．若有一组价格数据：5、10、1、13、15、35、50、55、72、92、204、215，使用等宽（宽度为 50）划分分箱时，15 在（　　　）箱子内。

A）第一个　　　　　　　　　　　B）第二个

C）第三个　　　　　　　　　　　D）第四个

8．当不知道数据所带标签时，可以使用（　　　）技术促使带同类标签的数据与带其他标签的数据相分离。

A）分类　　　　　　　　　　　　B）聚类

C）关联分析　　　　　　　　　　D）隐马尔科夫链

9．（　　　）不属于数据预处理方法。

A）变量代换　　　　　　　　　　B）离散化

C）聚类　　　　　　　　　　　　D）估计遗漏值

10．下面不属于创建新属性的相关方法是（　　　）。

A）特征值提取　　　　　　　　　B）特征修改

C）映射数据到新空间　　　　　　D）特征构造

二、填空题

1．数据采集的常用方法有＿＿＿＿＿、＿＿＿＿＿、＿＿＿＿＿、＿＿＿＿＿。

2．标注好数据集用于人工智能算法训练时，一般分为＿＿＿＿＿、＿＿＿＿＿。

3．有参的特征值归约的两种方法是＿＿＿＿＿、＿＿＿＿＿。

4．数据预处理主要包括＿＿＿＿＿、＿＿＿＿＿、＿＿＿＿＿、＿＿＿＿＿。

5．处理数据缺失值时常采用＿＿＿＿＿、＿＿＿＿＿方法。

三、简答题

1．什么是预处理？

2．标注数据的用途是什么？

3．常用的数据可视化工具有哪些？

第 3 章　数据标注基础知识

本章主要介绍数据在计算机中如何以文件形式存储及各种文件类型的存储格式。此外还介绍数据标注中需要标注的文本、语音、图像和视频等基础知识和常用的数据处理软件，以及数据标注完成后标注数据的常用存储格式。

3.1　计算机中数据的存储方式

信息是对客观世界的一种反映，数据是信息的载体，是信息的具体表现形式。在计算机中，数据都是以二进制的数据形式存储的。但是在计算机中看不到二进制的数据，看到的是文件和文件夹。文件是存储在计算机磁盘内的一系列数据的集合，在 Windows 系统中，文件是最小的数据组织单位。文件中可以存放文本、语音、图像和视频等信息。

当用户使用计算机时，会看到文件，双击文件时经常会遇到提示文件没有软件能打开或者使用常用软件打开后乱码等情况，遇到这样的情况该如何处理呢？下面就来梳理一下关于计算机中文件的基础知识。

用户在管理数据时通常以文件为单位。在一般情况下，文件可以分为文本文件、图像文件、压缩文件、音频文件、视频文件、应用程序文件等。不同文件类型的存储格式是不一样的，其图标和查看方式也不一样，只有安装了相应的软件，才能查看文件的内容。管理文件是操作计算机的一项主要技能。每个文件都有自己唯一的文件名，Windows 系统正是通过文件名来对文件进行管理的。

3.1.1　文件名

为了区别和使用文件，必须给每个文件起一个名字，称为文件名。文件名通常由主文件名和扩展名组成，中间以"."连接，如 myfile.docx，扩展名常用来表示文件的数据类型和性质。每当安装一个应用程序时，系统会自动为它建立与对应的文档关联。当双击一个文件名时，Windows 系统先检查它的扩展名，根据扩展名首先运行与它关联的应用程序，再由应用程序打开该文件。例如，当双击 myfile.docx 时，由于.docx 与 Word 关联，所以先运行 Word，再由 Word 打开 myfile.doc。

Windows 系统对于已知文件类型的扩展名默认是不显示的，若想实现显示文件类型的扩展名，则单击文件夹窗口左上角的"组织"下拉框，选择"文件夹和搜索选项"，如图 3-1

所示。然后在文件夹选项窗口，选择"查看"功能，勾选"隐藏已知文件类型的扩展名"选项即可看到文件类型的扩展名，如图 3-2 所示。

图 3-1　Windows 系统显示文件类型的扩展名（一）　　图 3-2　Windows 系统显示文件类型的扩展名（二）

3.1.2　数据标注类型

数据标注类型主要有文本标注、语音标注、图像标注和视频标注四种，常见的数据标注结果文件格式有 CSV、JSON、XMML 三种。文件扩展名及其对应打开的应用程序如表 3-1 所示。

表 3-1　文件扩展名及其对应打开的应用程序

数据标注类型	文件扩展名	文 件 类 别	应 用 程 序
文本 标注	.txt	文本文件	记事本
	.doc、.docx	Word 文件	Word 软件
	.xls、.xlsx	Excel 文件	Excel 软件
	.dat	数据文件	二进制编辑软件
	.pdf	便携式文件	PDF 浏览器
	.htm、.html	网页文件	IE、谷歌浏览器
	.mf	轻量级标记文件	MarkdownPad 2
	.wps	WPS 格式文件	WPS 办公软件
	.rar、.zip	压缩文件	压缩软件
语音 标注	.wav	波形音频文件	通用音频播放器
	.wma	微软音频文件	
	.mp3	最流行音频文件	
	.cda	CD 音频文件	
	.midi	数字音频文件	
	.ra	网络音频文件	
	.flac、.ape	无损压缩音频文件	
	.aac、.opus	有损压缩音频文件	

（续表）

数据标注类型	文件扩展名	文 件 类 别	应 用 程 序
图像标注	.bmp	位图文件	Photoshop 图形处理软件
	.jpg	JPEG 图像文件	
	.png	PNG 图像文件	
	.gif	GIF 图像文件	
	.tiff	无损 TIFF 图像文件	
	.pcx	位图文件	
	.tga	位图文件	
	.psd	Photoshop 专用格式文件	
	.cdr	CorelDraw 矢量图文件	CorelDraw 绘图软件
	.dwg	AutoCAD 格式文件	AutoCAD 辅助设计软件
	.ai	Illustrator 矢量图文件	Illustrator 绘图软件
	.dcm	医学图像格式文件	DICOM 图像浏览器
视频标注	.avi	微软发布的视频文件	通用视频播放器
	.mov	QuickTime 影片格式文件	
	.rmv	可变比特率视频格式文件	
	.flv	Flash 视频格式文件	
	.mp4	压缩视频格式文件	
	.3gp	手机视频文件	
	.mpeg	运动图像格式文件	
	.wmv	Windows 系统的视频格式文件	
标注文件	.ann	用户注释格式文件	FileViewPro 或 Winhelp
	.csv	逗号分隔格式文本文件	记事本或 Excel 软件
	.json	简便的数据交换格式文件	记事本或 JSON Viewer
	.xml	可扩展的标记语言格式文件	记事本或 XML Viewer
应用程序	.exe	可执行文件	双击就可以打开

在实际应用中，还会遇到很多不知道如何打开的文件类型，上网搜索文件扩展名就可以找到其文件类型及所关联的应用程序，如果想了解使用的计算机上都有哪些文件类型以及所关联的应用程序，可以按如下步骤操作：鼠标单击"开始"→"控制面板"→"默认程序"，选择"将文件类型或协议与程序关联"功能，查看本机文件类型及所关联的应用程序，如图 3-3 所示。

当一个文件扩展名在使用的计算机上没有关联的程序时，Windows 将提示"Windows 无法打开此文件"，如图 3-4 所示，让用户联机自动查找正确的关联程序或者从本机已安装程序的列表中选择关联的程序。一般情况下，计算机会默认选择记事本或写字板作为打开文件的关联应用程序，但是很多情况下看到的将会是乱码，这主要是由于文件的存储方式不同造成的。

图 3-3　查看本机文件类型及关联的应用程序　　　图 3-4　Windows 无法打开此文件窗口

3.1.3　文件的存储方式

数据是以文件的形式存储在计算机中的，而计算机只能识别二进制数据，因此数据是以二进制编码的方式存储在计算机中的，由于二进制编码的方式不同，数据编码方式分为字符编码方式和二进制编码方式。因此，文件按存储方式可分为文本文件和二进制文件。

（1）文本文件是基于字符编码方式来存储文件的，每个字符对应一个固定的编码，采用顺序流式存取，在任何操作系统下的解释和编码结果都是一致的，文本文件除所包含的字符以外没有任何其他信息。

计算机中常用字符编码类型有 ASCII、GB2312、Unicode、UTF-8 等。

（2）二进制文件是按二进制编码方式来存放文件的。例如，数值 123 的存储形式为：0000 0000 0111 1011，它只占 2 字节。二进制文件虽然也可以打开显示，但其内容无法读懂。应用程序在处理这些文件时，并不区分类型，都视为字符流，按字节进行处理。输入和输出字符流的开始和结束只由程序控制而不受物理符号（如回车符）的控制，因此这种文件也称为"流式文件"。

3.2　数据的编码方式

数据的编码方式是计算机处理数据的关键。由于计算机要处理的数据信息十分庞杂，有些数据所代表的含义又使人难以记忆。为了便于使用且容易记忆，常常要对需要加工处理的数据进行编码，用一个编码代表一条信息或一串数据。对数据进行编码在计算机的管理中非常重要，可以使计算机方便地进行数据搜集、分类、校核、统计、检索、分析及显示等操作。人们可以利用编码来识别每一个数据，区分数据处理方法，进行数据分类，从而节省存储空间，提高处理速度。为了方便计算机处理数据，不同的数据采用不同的编码方式，数据的编码方式主要分为字符编码方式和二进制编码方式。

3.2.1 字符编码方式

在计算机中，字符数据包括西文字符（字母、数字、各种符号）和汉字字符。它们都是非数值型数据，非数值型数据不表示数量的多少，只表示有关符号。与数值型数据一样，非数值型数据也需要用二进制编码才能存储在计算机中并进行处理。由于西文字符与汉字字符的形式不同，使用的编码方式也不同。

1. 西文字符编码

计算机中的西文字符按一定的规则用二进制编码表示，一般用 1 字节即 8 个二进制位进行编码，目前最普遍采用由美国国家标准协会所制定的美国标准信息交换码——ASCII 码来进行编码，ASCII 码表如表 3-2 所示。

表 3-2　ASCII 码表

Dec	Hex	CTRL	MEM	Dec	Hex	CHR	Dec	Hex	CHR	Dec	Hex	CHR
0	00	^@	NUL	32	20	SP	64	40	@	96	60	`
1	01	^A	SOH	33	21	!	65	41	A	97	61	a
2	02	^B	STX	34	22	"	66	42	B	98	62	b
3	03	^C	ETX	35	23	#	67	43	C	99	63	c
4	04	^D	EOT	36	24	$	68	44	D	100	64	d
5	05	^E	ENQ	37	25	%	69	45	E	101	65	e
6	06	^F	ACK	38	26	&	70	46	F	102	66	f
7	07	^G	BEL	39	27	'	71	47	G	103	67	g
8	08	^H	BS	40	28	(	72	48	H	104	68	h
9	09	^I	HT	41	29	)	73	49	I	105	69	i
10	0A	^J	LF	42	2A	*	74	4A	J	106	6A	j
11	0B	^K	VT	43	2B	+	75	4B	K	107	6B	k
12	0C	^L	FF	44	2C	,	76	4C	L	108	6C	l
13	0D	^M	CR	45	2D	-	77	4D	M	109	6D	m
14	0E	^N	SO	46	2E	.	78	4E	N	110	6E	n
15	0F	^O	SI	47	2F	/	79	4F	O	111	6F	o
16	10	^P	DLE	48	30	0	80	50	P	112	70	p
17	11	^Q	DC1	49	31	1	81	51	Q	113	71	q
18	12	^R	DC2	50	32	2	82	52	R	114	72	r
19	13	^S	DC3	51	33	3	83	53	S	115	73	s
20	14	^T	DC4	52	34	4	84	54	T	116	74	t
21	15	^U	NAK	53	35	5	85	55	U	117	75	u
22	16	^V	SYN	54	36	6	86	56	V	118	76	v
23	17	^W	ETB	55	37	7	87	57	W	119	77	w
24	18	^X	CAN	56	38	8	88	58	X	120	78	x
25	19	^Y	EM	57	39	9	89	59	Y	121	79	y
26	1A	^Z	SUB	58	3A	:	90	5A	Z	122	7A	z
27	1B	^[	ESC	59	3B	;	91	5B	[	123	7B	{
28	1C	^\	FS	60	3C	<	92	5C	\	124	7C		
29	1D	^]	GS	61	3D	=	93	5D	]	125	7D	}
30	1E	^^	RS	62	3E	>	94	5E	^	126	7E	~
31	1F	^_	US	63	3F	?	95	5F	_	127	7F	DEL

注：Dec 表示十进制，Hex 表示十六进制，CTRL 表示控制码，MEM 表示含义，CHR 表示字符

ASCII 码规定：8 个二进制位的最高位为零，余下的 7 位可进行编码。因此，ASCII 码可表示 128 个字符，其中的 95 个编码对应计算机终端能输入并可显示的 95 个字符，另外的 33 个编码对应控制字符，不可显示。

ASCII 码表中对应控制字符有 33 种控制码，十进制码值为 0～31 和 127（NUL～US 和 DEL）称为非图形字符（又称为控制字符），主要用于打印或显示时的格式控制、对外部设备的操作控制、信息分隔及在数据通信时进行传输控制等用途。常用的控制字符的含义如表 3-3 所示。

表 3-3　常用的控制字符的含义

控 制 字 符	含 义	控 制 字 符	含 义
BS（BackSpace）	退格	HT（Horizontal Table）	水平制表
LF（Line Feed）	换行	VT（Vertical Table）	垂直制表
FF（Form Feed）	换页	CR（Carriage Return）	回车
CAN（Cancel）	作废	ESC（Escape）	换码
SP（Space）	空格	DEL（Delete）	删除

ASCII 码表中其余 95 个编码对应的字符称为普通字符，为可打印或可显示的字符，包括英文大小写字母共 52 个、0～9 的数字共 10 个、其他标点符号和运算符号等共 33 个。在这些字符中，0～9、A～Z、a～z 都是按顺序排列的，且小写比大写字母 ASCII 码值大 32，空格的 ASCII 码值为 32，它是 ASCII 码表中第一个可显示的字符，数字 0 的 ASCII 码值为 48，大写字母 A 的 ASCII 码值为 65，小写字母 a 的 ASCII 码值为 97。

由于标准的 7 位 ASCII 码所能表示的字符较少，不能满足某些信息处理的需要，因此在 ASCII 码的基础上又设计了一种扩充的 ASCII 码，称为 ASCII-8 版本，它用 8 位二进制编码，可表示 256 个字符，最高位不再全为 0。

2．汉字字符编码

中文的基本组成单位是汉字，汉字也是字符。西文字符集的字符总数不超过 256 个，使用 8 个二进位就可以表示。汉字的总数超过 6 万，数量巨大，显然用 1 字节表示是不够的，很容易想到使用双字节进行编码，双字节的不同编码数可达 2^{16}=65536 个，因而双字节编码成为汉字字符编码的一种常用方案。

1）国标码

为了适应计算机处理汉字字符的需要，我国颁布了《信息交换用汉字编码字符集基本集》（GB2312—1980）。GB2312—1980 选出 6763 个常用汉字字符和 682 个非汉字字符，为每个字符规定了标准代码，以供这 7445 个字符在不同计算机系统之间进行信息交换使用。GB2312—1980 收集的字符及其编码称为国标码，又称为国标交换码。

国标码由 3 部分组成：第 1 部分是字母、数字和各种符号，包括拉丁字母、俄文、日文平假名与片假名、希腊字母、汉语拼音字母、汉字注音符号等共 682 个；第 2 部分为一级常用汉字，共 3755 个，按汉语拼音顺序排列；第 3 部分为二级常用汉字，共 3008 个，按偏旁部首顺序排列。

2）汉字区位码

按照国标码的规定，每个字符的编码占用 2 字节，每字节的最高位为 0。按照 GB2312—1980 的规定，所有收录的汉字字符和非汉字字符组成一个 94×94 的矩阵，即有 94 行和 94 列。这里每一行称为一个区，每一列称为一个位。因此，它有 94 个区（01～94），每个区内有 94 个位（01～94）。区码与位码组合在一起称为区位码，它可确定某一汉字字符或非汉字字符。

如果把 GB 2312—1980 中的区位码直接作为内码，当表示某个汉字的 2 字节处在低数值时（0～31），系统很难判定是 ASCII 控制码还是汉字内码。为防止发生这种现象，把区码和位码数值各加十进制数 32（十六进制数 20），以避免与 ASCII 控制码混淆，但这样还没有解决根本问题，仍不能与 ASCII 码完全区分开来。例如，汉字"啊"在 16 区的 01 位，它的区位码是 1601，各加 32 之后变为国标码 4833，它的 2 字节国标码应为 0011 0000 0010 0001，十六进制为 3021。

3）汉字机内码

ASCII 码和汉字字符都是以代码方式存储在内存或磁盘上的。ASCII 码的存储比较简单，一个 ASCII 码用 1 字节进行编码，1 字节由 8 个二进制位组成，可以表示 256 个不同的代码，标准的 ASCII 码只有 128 个，因此只取低 7 位进行编码，将高位置成 0，并规定前 32 个代码是控制码，是不可显示字符，只完成某个动作，如换行、回车等。国标码有几千个字符，用 1 字节无法进行表示，至少需要 2 字节。目前，计算机存储一个内码固定为连续的 2 字节。

由于计算机中的双字节的汉字字符与单字节的西文字符是混合在一起进行处理的，双字节的汉字字符若不予以特别标识，则会与单字节的西文字符 ASCII 码混淆不清，无法识别。为了解决这个问题，采用的方法之一就是使表示汉字的 2 字节的最高位等于 1。这种双字节（16 位二进制）的汉字字符的编码方式称为汉字机内码，简称机内码。目前计算机中汉字字符的编码大多数都是这种方式。例如，汉字"啊"的机内码是 1011 0000 1010 0001，为了描述方便，常用十六进制数表示为 B0A1。

区位码、国标码和机内码的转换关系如图 3-5 所示。

图 3-5　区位码、国标码和机内码的转换关系

4）汉字输入码

汉字输入技术主要表现在汉字的输入方式及汉字输入码的处理。汉字的输入方式有很多种，但目前使用最多的仍是随机配置的键盘输入，用户输入的并不是汉字本身，而是汉字代码，统称汉字输入码或外码，汉字输入码就是与某种汉字编码方案相应的汉字代码。输入汉字前，用户可以根据需要选定一种汉字输入码作为输入汉字时使用的代码，在众多的汉字输入码中，按照其编码规则主要分为形码、音码、混合码和数字码。

① 形码：形码也称为义码，它是按照汉字的字形或字义进行编码的方法，常用的形码有五笔字型、郑码等。使用形码输入汉字的优点是重码率低、速度快，只要有字形就可以拆分输入。但是，它要求记忆大量的编码规则和汉字拆分的规则。

② 音码：音码是按照汉字的读音（汉语拼音）进行编码的方法，常用的音码有标准拼音、全拼双音、双拼双音、智能 ABC 等。使用音码输入汉字的优点是对于学过汉语拼音的人来说，一般不需要经过专门的训练就可掌握。但是，使用音码输入汉字时，其同音字比较多，需要通过选字才能得到所需的汉字，而且对于那些读不出音的汉字无法输入。

③ 混合码：混合码是将汉字的字形（或字义）和读音相结合的编码，也称为音形码或结合码，如自然码等。由于混合码兼顾了音码和形码的优点，既降低了重码率，又不需要大量的记忆，不仅使用起来简单方便，而且输入汉字的速度比较快，效率也比较高。

④ 数字码：数字码是用一串数字来表示汉字的编码方法。例如，电报码是用数字进行编码的，难以记忆，不易推广。

汉字输入码与汉字机内码完全是不同的概念。无论采用哪种汉字输入码，当用户输入汉字时，存入计算机中的都是汉字机内码，与所采用的汉字输入码无关。实际上，无论采用哪种汉字输入码，在汉字输入码与汉字机内码之间存在着一个对应的转换关系。因此，任何一种汉字输入码都需要一个完成这种转换关系的转换程序。

3．Unicode 编码

由于 ASCII 码是针对西文字符设计的，当处理带有音调标号的文字时就会出现问题。因此，有人创建出了一些由 ASCII 码扩展的包括 255 个字符的字符集。其中有一种字符集把值为 128～255 之间的字符用于画图和画线，以及一些特殊的字符。另一种 8 位字符集是 ISO 8859-1Latin 1 字符集，简称为 ISOLatin-1 字符集。ISOLatin-1 字符集把位于 128～255 之间的字符用于拉丁字母表中特殊字符的编码。但是，亚洲语言和非洲语言并不能用 ISOLatin-1 字符集编码。把汉语、日语和越南语中的一些相似的字符结合起来，在不同的语言里，用不同的字符代表不同的字，这样只用 2 字节就可以编码几乎所有地区的文字。因此，有人创建了 Unicode 编码。通过增加一个高字节对 ISO Latin-1 字符集进行扩展，当高字节位为 0 时，低字节就表示 ISO Latin-1 字符集。Unicode 编码支持欧洲、非洲、中东、亚洲的文字。

4．UTF-8 编码

Unicode 编码并没有提供对如 Braille、Cherokee、Ethiopic、Khmer、Mongolian、Hmong、Tai Lu、Tai Mau 文字的支持，同时它也不支持如 Ahom、Akkadian、Aramaic、Babylonian Cuneiform、Balti、Brahmi、Etruscan、Hittite、Javanese、Numidian、Old Persian Cuneiform、Syrian 一类的古老文字。为了解决这个问题，就出现了一些中间格式的字符集，被称为通用转换格式，即 UTF（Unicode Transformation Format）。常见的 UTF 编码有 UTF-7、UTF-7.5、UTF-8、UTF-16 及 UTF-32。

UTF-8 编码是一种针对 Unicode 编码的可变长度字符编码，又称为万国码。UTF-8 编码现在已经标准化为 RFC 3629。UTF-8 编码用 1～4 字节进行 Unicode 编码。UTF-8 编码用在网页上可以统一页面显示中文简体繁体及其他语言（如英文、日文、韩文）。

UTF-8 编码规则为：若编码只有 1 字节，则其最高二进制位为 0；若编码有多字节，则其首字节从最高位开始，连续的二进制位值为 1 的个数决定了其编码的位数，其余各字节均以 10 开头。

实际上，用 Unicode 编码表示 ASCII 码时将会编码成 1 字节，并且 UTF-8 编码与 ASCII 码表示是一样的。所有其他的 Unicode 编码转化成 UTF-8 编码将需要至少 2 字节。每个字节由一个换码序列开始。首字节有唯一的换码序列，即由 n 位连续的 1 加一位 0 组成，首字节连续的二进制位值为 1 的个数表示字符编码所需的字节数。

3.2.2 二进制编码方式

计算机处理数据时除字符编码方式，其余的统称为二进制编码方式。字符编码方式是定长的，也有编码的统一标准；而二进制编码方式则是可变长的编码方式，每个字节的含义完全由应用软件开发者决定。.bmp、.doc、.mp3、.avi 等类型的文件都属于二进制编码方式的文件。Windows 系统中的记事本支持文本文件而不支持二进制编码文件，所以有时打开文件乱码就是由于使用记事本打开二进制编码文件造成的。因此若要打开二进制编码文件，则需要使用专用的应用程序来打开，并对其二进制编码文件进行解码，然后再显示到屏幕上。例如，扩展名为.bmp 位图文件就是采用二进制编码方式的。典型的 BMP 文件由位图文件头、位图信息头、调色板和位图数据四部分组成。

通过二进制编辑软件打开一个 BMP 格式的文件，显示的 BMP 文件的二进制编码方式如图 3-6 所示。图 3-6 中的地址和数据都是用十六进制数表示的，如果一个数据需要用几字节来表示，那么该数据的存放字节顺序为"低地址存放低位数据，高地址存放高位数据"。

	+0	+1	+2	+3	+4	+5	+6	+7	+8	+9	+a	+b	+c	+d	+e	+f	Dump
0000	42	4d	36	04	01	00	00	00	00	00	36	04	00	00	28	00	BM6......6...(.
0010	00	00	00	01	00	00	00	01	00	00	01	00	08	00	00	00	....
0020	00	00	00	01	00	00	00	00	00	00	00	00	00	00	00	01	....
0030	00	00	00	01	00	00	fe	fa	fd	00	fd	f3	fc	00	f4	f3	........púý.ýóü.óó
0040	fc	00	fc	f2	f4	00	f6	f2	f2	00	fb	f9	f6	00	ea	f3	ü.üôô.öòò.ûùù.êó
0050	f8	00	fb	ee	fa	00	fb	ee	f3	00	f4	ed	f2	00	f4	ea	ø.ûîú.ûîô.ôíô.ôê

••••••																	
0430	3c	00	71	83	7a	00	60	60	60	5f	5e	5f	5a	5b	4f	4a	<.q懎. `^_Z[OJ
0440	47	2f	47	47	2f	28	32	32	2f	2f	32	47	46	4f	4b	4f	G/GG/(22//2GFOKO
0450	4f	4a	46	4a	4f	46	4f	4f	4f	51	5b	4f	63	60	5f	55	OJFJOFOOOQ[Oc`U

图 3-6 BMP 文件的二进制编码方式

位图文件头共 14 字节，每个字节含义如下。

第 00～01 字节：424dH = "BM"，表示 Windows 系统支持的位图格式。

第 02～05 字节：00 01 04 36 = 66614 B ≈ 65.05 KB，根据"低地址存放低位数据，高地址存放高位数据"，因此 00 01 04 36 可以查询文件属性。

第 06～09 字节：这是两个保留段，值为 0。

第 0A～0D 字节：00 00 04 36 = 1078，即从位图文件头到位图数据需偏移 1078 字节。

位图信息头的每字节含义如下。

第 0E～11 字节：00 00 00 28 = 40，表示位图信息头的大小为 40 字节。

第 12～15 字节：00 00 01 00 = 256，表示图像宽为 255 像素，与文件属性一致。

第 16～19 字节：00 00 01 00 = 256，表示图像高为 255 像素，与文件属性一致。这是一个正数，说明图像数据是从图像左下角到右上角排列的。

第 1A～1B 字节：00 01，该值总为 1。

第 1C～1D 字节：00 08 = 8，表示每个像素占 8 比特，即该图像共有 256 种颜色。

第 1E～21 字节：00 00 00 00，BI_RGB，表示图像没有被压缩。

第 22～25 字节：00 00 00 00，表示图像的大小，因为使用 BI_RGB，所以设置为 0。

第 26～29 字节：00 00 00 00，表示水平分辨率。

第 2A～2D 字节：00 00 00 00，表示垂直分辨率。

第 2E～31 字节：00 00 01 00 = 256，表示位图实际使用的颜色索引数为 256，与第 1C～1D 字节的内容一致。

第 32～35 字节：00 00 01 00 = 256，说明位图重要的颜色索引数为 256。

从 36H 开始的数据就是调色板。调色板其实是一张映射表，标识颜色索引号与其代表的颜色的对应关系。在文件中的布局就像一个二维数组 palette[N][4]，其中 N 表示总的颜色索引数，每行的四个元素分别表示该索引对应的 B、G、R 和 Alpha 的值，每个分量占 1 字节。若不设透明通道，则 Alpha 的值为 0。通过位图信息头中的数据可知，该位图的颜色索引数为 256，因此 N = 256。颜色索引号就是所在行的行号，对应的颜色就是所在行的四个元素。调色板的每字节含义如下

第 36～39 字节：fe fa fd 00，表示索引号为 0 的颜色的 B、G、R 和 Alpha 的值。

第 3A～3D 字节：fd f3 fc 00，表示索引号为 1 的颜色的 B、G、R 和 Alpha 的值。

……

以此类推，该位图共有 256 种颜色，每个颜色占用 4 字节，则一共占用 1024 字节，再加上位图文件头和位图信息头的 54 字节，共占用 1078 字节。即位图数据出现之前一共有 1078 字节，与之前得到的位图文件头到位图数据需偏移 1078 字节是相同的。

位图数据的每字节含义如下。

从 0430（十进制 1078）开始即为位图数据，每个像素占 1 字节，取得相应字节后，以该字节为索引查询相应的颜色，并显示到相应的显示屏幕上就可以了。

注意：由于位图文件头中的图像高度是正数，所以位图数据在文件中的排列顺序是从左下角到右上角的且以行为主序排列的。因此第一个 60 是图像最左下角的数据，第二个 60 为图像最后一行第二列的数据，以此类推，一直到最后一行的最后一列数据，后面紧接的是倒数第二行的第一列的数据。

上述只是 256 色 BMP 位图的文件格式，若图像是 24 位或是 32 位数据的位图，则位图数据区就不是索引而是实际的像素值了。此时位图数据区的每个像素的 RGB 颜色按阵列排布。24 位 RGB 按照 B、G、R 的顺序来存储每个像素的各颜色通道的值，一个像素的所有颜色分量值都存储完后才存储下一个像素，不进行交织存储。这里不再详细叙述，有兴趣的读者可以深入学习。

3.2.3　字符编码方式和二进制编码方式的比较

文本文件与二进制文件的区别仅仅是数据编码不同，文本文件采用字符编码方式，其主要特点是编码定长，有统一的使用标准，译码容易，可读性强，简单易懂，操作方便。二进制文件采用二进制编码方式，其主要特点是编码可变长，使用灵活，存储效率高，译码困难，可读性差，保密性强，需要相关联的应用软件才可使用。字符编码采用统一的编码方式，二进制编码则在不同应用程序中有不同的编码方式，因此，使用记事本就可以浏览所有采用字符编码方式的文本文件，而要浏览采用二进制编码方式的二进制文件必须要有相应的应用软件。综上所述，两个数据编码方式各有所长，根据不同的数据需求可以选择不同的数据编码方式。

3.3　数据标注必须了解的知识

数据标注是数据标注员借助数据标注工具，对获取的数据进行加工的一种行为。常见的数据标注类型包括文本标注、语音标注、图像标注和视频标注。本节详细的介绍这四种数据标注类型所需要掌握的基础知识。

3.3.1　文本标注需要掌握的基础知识

文本标注是几种数据标注类型中最难掌握的一种标注类型。文本标注的现实应用场景主要包括文本的实体标注、情感标注、敏感信息标注、相似性判断标注等。文本标注最难掌握的原因是同样的文本对于不同场合有不同的含义，理解起来很难。因此在进行文本标注时，必须要和实际的应用场景结合起来。文本标注需要按照自然语言处理（Natural Language Processing，NLP）的要求对文本进行实体、情感、语料、词性等标注，让计算机能处理、理解及掌握人类语言，达到计算机与人之间进行对话的目的。自然语言是人类智慧的结晶，自然语言处理是人工智能中最为困难的问题之一。因此文本标注充满了魅力和挑战，要做好文本标注，需要了解 NLP 的一些基本知识。

1. NLP 是什么

NLP 分为"自然语言"和"处理"两部分。"自然语言"是指人类历史发展过程中自然形成的一种信息交流的方式，也就是平时用于交流的语言。现在世界上所有的语种语言都属于自然语言。"处理"指使用计算机来处理。计算机无法像人一样处理文本，需要有自己的处理方式。因此 NLP 就是计算机通过接收用户自然语言形式的输入，在计算机内部按照人类所定义的算法进行加工和计算等操作，来模拟人类对自然语言的理解，并返回用户所期望的结果。NLP 的目的是用计算机代替人工来处理大规模的自然语言信息。由于语言是人类思维的证明，因此 NLP 是人工智能的最高境界，被誉为"人工智能皇冠上的明珠"。

2. NLP 如何处理自然语言

想了解 NLP 如何处理自然语言，要先弄懂计算机为什么要处理自然语言，如果只是人类相互之间使用同一种自然语言交流，那么是不需要对自然语言做显性处理的。想让其他人明白自己的需求，对着他/她的耳朵说话就行。但是人和计算机之间不能这样来进行交流，因为计算机听不懂人类的语言。

计算机能听懂的是一系列在电子元件中流动的二进制数据，计算机科学家发明了用少量关键字加上若干符号来编写程序。程序把处理许多日常事务的工作封装成软件，使用简单的命令就可以迅速完成复杂且重复的任务。因此计算机现在已经普及到各行各业，在人类发展历史上发挥了重要的作用。1950 年，著名科学家图灵发表了题为《计算机与智能》的文章，该文章奠定了人工智能的理论基础。图灵在该文章中提出了一种假想：一个人在不接触对方的情况下，通过一种特殊的方式与对方交流一些问题，如果在相当长时间内，无法根据这些问题判断对方是人还是计算机，那么就可以认为这台计算机具有与人相当的智力，即这台计算机是有思维的，这就是著名的"图灵测试"（Turing Testing）。

如何让计算机听懂人类的语言并且能和人类正常交流是 NLP 需要解决的问题，就像人从刚出生时对世界一无所知，然后通过后天的学习慢慢长大一样，计算机的学习也需要这样的过程。NLP 就是在模拟人类的学习方法及学习过程，将其用于计算机学习的过程。NLP 通过对实体命名、文本分类、相似性检验、机器翻译、阅读理解等问题的逐个解决来达到"图灵测试"的要求。

NLP 的过程和机器学习的过程是一样的，主要包括获取语言资料、对语言资料进行清洗（删除不感兴趣的内容）、对语言资料进行分词、对词性进行标注、删除无用的字词、把分词之后字和词语转换成数字、完成计算机能够计算的模型等。

NLP 的过程十分复杂，其中文本标注就是从不规则文本中抽取想要的信息，包括命名实体识别、关系抽取、事件抽取等。在进行文本标注时应掌握句法、语义、词根、词汇、话语分析、篇章结构分析等。给文本中的每一个字或词打上相应的标签是大多数 NLP 底层技术的核心，如分词、词性标注、关键词抽取、命名实体识别、语义角色标注等。

3．NLP 解决的问题

1）实体命名

实体命名就是对自然语言文本中的实体事先打好标签，定位出某些预定义实体的字串。具体实体和标签的类别由具体的任务来确定。这些预定义的实体一般包括人名、地名、组织名称、数量、日期和时间等。

例如：张三于 2020 年购买了一台计算机。

这句话里有一个人名：张三，一个数字：一，一个设备：计算机，一个年代：2020。经过实体命名处理后，这句话的实体都会被标注出来：

[张三]（人）于[2020]（年代）购买了[一]（数字）台[计算机]（设备）。

将实体命名运用到各种场景中，抽取场景需要的实体，可以提高其搜索的效率和准确度。

2）文本分类

文本分类就是将自然语言文本划分为不同的类别，即给文本打上事先定义好的标签，具体的标签由具体分类任务来确定。例如，在就餐后对服务态度的评价，标签可以定义为"服务态度好"和"服务态度差";对外卖小哥的评价,标签可以定义为"及时"和"不及时";对邮件进行分类时,标签可以定义为"垃圾"和"非垃圾"等。对文本也可以进行情感分析,通过给一段文本打上"高兴"或"痛苦"的标签来标识文本的情感。因此,文本分类就是通过给文本打上丰富的标签来描述其特征和属性。

在现代汉语中,词是最小的能够独立运用的语言单位,在文本标注中,分词标注和词性标注是最常遇到的文本标注类型。在分词标注过程中,需要了解中文词性分类,中文词性分类如图 3-7 所示。

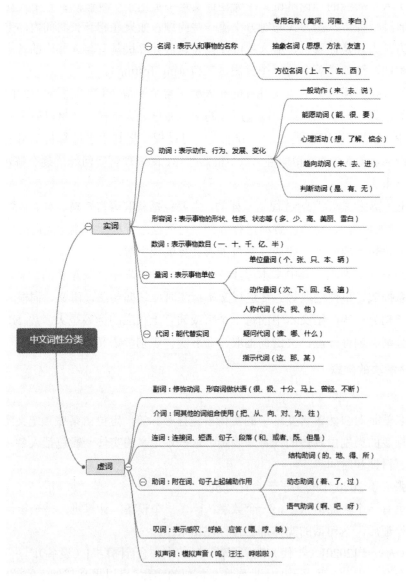

图 3-7 中文词性分类

3)文本情感分析

文本情感分析是指利用 NLP 技术对带有情感色彩的主观性文本进行分析、处理和抽取的过程。目前，文本情感分析涵盖了 NLP、文本挖掘、信息检索、信息抽取、机器学习等多个领域。文本情感分析任务按其分析的维度可以分为词、短语、句子、篇章级。文本情感分析包括原始文本爬取、文本预处理、语料库和情感词库构建及情感分析结果等全流程。目前情感主要从情感分类、隐式情感、情感溯因、情感生成等方面进行分析。

4）文本相似性分析

在 NLP 过程中，经常会遇到如何判断两个文本之间的相似性的问题，这样就会联想到初学编程时都会遇到判断两个字符串是否相等的问题，但这种比较只有相等或不相等两种结果。若两个字符串只有一个字符不相等，则这两个字符串也是不相等的，这对文本相似性分析是无法使用的。在传统的字符串比较过程中，判断字符串中每个字符是否相等考虑了字符出现的顺序，如果不考虑字符出现的顺序，那么就可以利用两个文本之间相同的字符数量来判断其相似性，也可以通过标注"编辑距离"和"词向量"等方法建立神经网络语言模型来实现文本相似性的分析，进而实现词语、句子、短语及段落之间的相似性分析。

5）阅读理解

阅读理解是语言考试中经常遇到的一种题型，阅读理解就是阅读一篇文章，给出几个问题，然后来回答这些问题。机器阅读理解技术近几年有着突飞猛进的发展，Bert 模型在阅读理解任务上有很好的效果。在搜索引擎中，机器阅读理解技术可以用来为用户的搜索提供更为智能的答案。

4．NLP 待解决的问题

NLP 吸引了越来越多的人关注，其上构建的各种软件、应用给日常生活带来了众多便利。但现在由于很多因素也制约了 NLP 的发展，其中待解决的问题如下。

1）中文分词

中文分词主要是针对中文的。中文博大精深，外国人学习中文都感到特别吃力，那么让计算机来学习中文就更难了。同一个任务和同一个模型在英文语料的表现一般要比中文语料好。无论是基于统计的 NLP 方法还是基于深度学习的 NLP 方法，分词都是基础。如果分词标注不好，那么后面的模型最多也只能尽力通过算法纠偏。

2）词义消歧

很多单词不是只有一个意思，根据不同的上下文，单词会有不同的意思，另一个较难的是指代消歧，即句子中的指代词还原，如"凯文受到了老师的表扬，他很高兴"，这个"他"是指"凯文"还是指"老师"，就会出现歧义。

3）文本的二义性

有些句子往往有多种理解方式，其中以两种理解方式的最为常见，称为文本的二义性。

5．NLP 的应用领域

自然语言作为人类社会信息的载体，这使得 NLP 不仅仅应用于计算机科学领域，在其他领域，同样存在着海量的文本，NLP 也成为重要的支持技术。

1）客户服务领域

NLP 可以帮助处理如客户投诉、客户主动咨询、满意度调查等工作，甚至拓展客户服务工作内容，更好地服务和提升客户满意度。

2）金融领域

目前国内 A 股有 300 多家上市公司，这些公司每年都有年报、半年报、一季报、三季报等，加上瞬息万变的金融新闻，金融领域的文本数量是海量的。

3）医疗健康领域

除了影像信息，还有大量的体检数据、病历处方、临床数据、诊断报告等，因此 NLP 在医疗健康领域也会有巨大的应用前景。

4）教育领域

智能阅卷、机器阅读理解等都可以运用 NLP 技术。

3.3.2 文本标注需要注意的问题

若使用 NLP 建立文本模型，则一定要关注所用的标注数据集。一个标注良好的数据集对模型的准确度非常重要。如果标注的数据集存在问题，那么任何算法都不可能取得好的结果。所以良好的文本标注是项目成功的基础，在做文本标注时一定注意以下问题。

1．充分了解语言学

语言学主要包括句法学、语义学、形态学、音系学、语音学、词汇、话语分析、语用学、篇章结构分析等分支，了解这些分支有助于确定数据标注方式。

2．明确文本的用途

目前 NLP 可以处理的任务主要是文本分类、相似性检验、机器翻译、阅读理解、文档生成等，明确文本的用途有助于建立文本标注的标准和模型。

3．迭代式标注

NLP 任务主要包括建模（标注体系）、标注、训练、测试、评价、修改等步骤，文本标注过程常常需要在建模和标注之间进行迭代，不断优化，才能建立一套完美的标注模型。

4．保持标注数据的一致性

保持标注数据的一致性非常重要，这就需要建立标注标准，细化标注方式，否则很难在不同数据标注员间进行统一。标注数据不一致也是文本标注最主要的问题，严重影响文本质量。当有多个数据标注员对同一个文本进行标注时，可以采取交叉标注的方式。

5．制定文本标注规则

在正式进行文本标注前需要制定文本标注规则，如单标签标注、多标签标注、内嵌式标注、分离式标注等。对于大型项目，应编写标注说明手册以降低不同数据标注员的标注差异。

6．严格的审核制度

文本标注完成后必须有一个审核过程，审核过程最好由参与制定文本标注规则的人来执行。审核过程会十分耗时（甚至有可能花费多于文本标注过程的时间），需要合理安排资源。

因此，文本标注是一个复杂的工程，在实际实施中总会遇到各种各样的问题。如果没有足够的经验，可以先对少量数据进行试标注，然后再大规模进行标注。文本标注是机器学习中十分重要的一环，其对训练结果的影响不低于模型构建和算法调优，因此在做人工智能项目时必须重视文本标注环节。

3.3.3　常用的文本处理工具

文本处理工具有很多种，例如，微软开发的通用文本编辑器 NotePad 和 NotePad++；支持 HTML 和多种语言、适合软件开发者使用的 EditPlus；打开 JSON 格式文件的 JSONViewer；打开 XML 格式文件的 XMLViewer；超大文本文件处理工具 EmEditor、PilotEdit、LogViewer等。常用的支持中文的文本标注工具有京东众智-Wise 开放标注平台、BRAT、YEDDA、DeepDive 等。下面以 NotePad++为例介绍文本处理工具的基本功能。

Notepad++是支持 Windows 系统的一款强大的文本编辑器，它的主要特点就是轻量、可定制性强，可以加载功能强大的插件，是一款必备的文本处理工具。

1．Notepad++的安装配置

Notepad++是一款免费的文本处理工具。Notepad++自带插件管理工具，单击"Plugins"→"Plugin Manager"→"Show Plugin Manager"→"Avaliable"可以显示当前可用的插件列表，选中需要使用的插件，然后单击"Install"即可自动下载和安装。列表里的都是官方认可的插件，品质较好。当然也可以在网上下载插件放到相应的目录里。

2．Notepad++的常用功能

1）书签

书签是一种特殊的行标记，显示在编辑器的书签栏处。使用书签可以很容易转到指定的行，进行一些相关的操作，特别有助于处理较长的文件。

在任意行单击左侧栏或按 Ctrl+F2 组合快捷键，将出现蓝色小点，这表示添加了一个书签，单击蓝色小点或按 Ctrl+F2 组合快捷键可以取消该行书签。按 F2 键，光标移动到上一个书签；按 Shift+F2 组合快捷键，光标移动到下一个书签。

2）多视图

在 Notepad++中可以打开多视图，可以同时查看两个文档（也可以是同一个文档），可以快速比较这两个文档或同时编辑文档的两个地方，而不需要滚动或通过书签进行查看和比较。

3）文档折叠

文档折叠是根据文档语言隐藏文档中的多行文本，特别是对如 C++或者 XML 这样的结构化语言很有用。文本块分成多个层次，可以折叠父层的文本块，折叠后只会显示文本块的第一行内容，可以快速浏览文档的内容，跳到指定文档的位置。取消折叠文本块（展开或取消折叠）将会再次显示折叠的文本块，有助于代码的阅读。文档折叠常用的组合快捷键如下。

折叠所有层次：Alt+0 组合快捷键。

展开所有层次：Alt+Shift+0 组合快捷键。

折叠当前层次：Ctrl+Alt+F 组合快捷键。

展开当前层次：Ctrl+Alt+Shift+F 组合快捷键。

4）文本行定位

按 Ctrl+G 组合快捷键会弹出一个对话框，可以选择输入绝对行号跳转或者相对于当前行做偏移量跳转，快速跳至某一行。

5）文本行操作

复制当前行：Ctrl+D 组合快捷键。

删除当前行：Ctrl+L 组合快捷键。

删除到行首：Ctrl+Shift+BackSpace 组合快捷键。

删除到行尾：Ctrl+Shift+Delete 组合快捷键。

6）文本列编辑

若要在每一行开头输入相同的文字或者加上行号，则可以考虑使用列编辑。例如，把光标移至最左侧，按 Alt+C 组合快捷键，在对话框里输入要添加的内容或数字及其增加方式就可以了。它会从当前行一直加到最后一行。另外一种方式是按 Alt 键和鼠标左键，并单击编辑多列的功能。可以按住 Alt 键，用鼠标左键选择多列然后输入想要的字符或者进行编辑，如删除每一行的行号。

7）文本块匹配

选择一个括号，按 Ctrl+B 组合快捷键会跳转到与它对应的另外一半括号处，此处括号包括"("和"{"。

8）颜色标记

针对不同的文本内容用不同的颜色做标记，选择要标记的文本然后右键单击选择"Style token"命令，选择一个标记即可。也可以通过右键单击选择 "Remove style"命令，删除颜色标记。

9）显示符号

在视图选项卡中找到显示符号的功能，它的作用是显示空格、制表键、换行等，可以方便编辑，尤其可以防止无意中加入不需要的空格。

10）功能强大的插件

Notepad++目前提供了 100 多种插件，熟练使用其中一些插件可以大幅度提高工作效率。

11）代码提示

默认的显示代码提示是按 Ctrl+Enter 组合快捷键，例如，在 CSS 文件中输入 b 然后按 Ctrl+Enter 组合快捷键就会显示代码提示。可以在首选项中的备份与自动完成选项卡中按照自己的习惯选择所有的输入均启用自动完成选项和输入时提示函数参数选项，设置后代码提示便会在输入时自动显示。

12）宏录制

若文本处理的操作重复运行，则可以使用宏录制功能，先单击工具栏上开始录制，然后编辑文本操作步骤，单击停止录制。最后选择重复运行宏来重复执行操作，可以选择重复的次数等。

3．Notepad++的组合快捷键

（1）文件菜单中的组合快捷键及其功能如表 3-4 所示。

表 3-4　文件菜单中的组合快捷键及其功能

组合快捷键	功　　能	组合快捷键	功　　能
Ctrl+O	打开文件	Ctrl+N	新建文件
Ctrl+S	保存文件	Ctrl+Alt+S	另存为
Ctrl+Shift+S	保存所有	Ctrl+P	打印
Alt+F4	退出	Ctrl+Tab	下一个文档
Ctrl+Shift+Tab	上一个文档	Ctrl+W	关闭当前文档

（2）编辑菜单中的组合快捷键及其功能如表 3-5 所示。

表 3-5　编辑菜单中的组合快捷键及其功能

组合快捷键	功　　能	组合快捷键	功　　能
Ctrl+C	复制	Ctrl+J	连接行
Ctrl+Insert	复制	Ctrl+G	打开转到对话框
Ctrl+Shift+T	复制当前行	Ctrl+Q	行注释/取消行注释
Ctrl+X	剪切	Ctrl+Shift+Q	块注释
Shift+Delete	剪切	Tab	插入制表符
Ctrl+V	粘贴	Shift+Tab	删除行首制表符
Shift+Insert	粘贴	Ctrl+BackSpace	删除到单词开头
Ctrl+Z	撤销	Ctrl+Delete	删除到单词末尾
Alt+Backspace	撤销	Ctrl+Shift+BackSpace	删除到行首
Ctrl+Y	重做	Ctrl+Shift+Delete	删除到行尾
Ctrl+A	选择全部	Ctrl+U	转换为小写
Alt+Shift	方向键	Ctrl+Shift+U	转换为大写
Alt+鼠标左键	列模式选择	Ctrl+B	转到匹配括号处
Ctrl+鼠标左键	开始新的选择区域	Ctrl+Space	显示函数参数列表
ALT+C	列编辑	Ctrl+Shift+Space	显示函数提示列表
Ctrl+D	复制当前行	Ctrl+Enter	显示单词提示列表
Ctrl+T	当前行和前一行交换	Ctrl+Alt+R	文本方向从右到走
Ctrl+Shift+Up	当选择文本块上移	Ctrl+Alt+L	文本方向从左到右
Ctrl+Shift+Down	当前选择文本块下移	Enter	回车插入新行
Ctrl+L	删除当前行	Shift+Enter	插入新行
Ctrl+I	分割当前行		

（3）搜索菜单中的组合快捷键及其功能如表 3-6 所示。

表 3-6 搜索菜单中的组合快捷键及其功能

组合快捷键	功　　能	组合快捷键	功　　能
Ctrl+F	打开查找对话框	Ctrl+Shift+F3	选择并查找下一个
Ctrl+H	打开替换对话框	F4	转到下一个结果
F3	查找下一个	Shift+F4	转到上一个结果
Shift+F3	查找上一个	Ctrl+Shift+I	增量搜索
Ctrl+Shift+F	在文件中查找	Ctrl+N	向下跳转
F7	切换到搜索结果	Ctrl+Shift+N	向上跳转
Ctrl+Alt+F3	查找（快速）下一个	Ctrl+F2	标记/取消标记书签
Ctrl+Alt+Shift+F3	查找（快速）上一个	F2	转到下一个书签
Ctrl+F3	选择并查找下一个	Shift+F2	转到上一个书签

（4）视图菜单中的组合快捷键及其功能如表 3-7 所示。

表 3-7 视图菜单中的组合快捷键及其功能

组合快捷键	功　　能	组合快捷键	功　　能
Ctrl +鼠标滚轮	向上放大、向下缩小	Ctrl+Alt+Shift+F	展开当前大纲级别
Ctrl+Keypad	恢复视图到原始大小	Alt+0	折叠所有
F11	转到/退出全屏视图	Alt+（1～8）	折叠大纲级别（1～8）
F12	转到/退出快捷视图	Alt+Shift+0	展开所有
Ctrl+Alt+F	折叠当前大纲级别	Alt+Shift+（1～8）	展开大纲级别（1～8）

（5）运行菜单中的组合快捷键及其功能如表 3-8 所示。

表 3-8 运行菜单中的组合快捷键及其功能

组合快捷键	功　　能	组合快捷键	功　　能
F5	打开运行对话框	Ctrl+Alt+Shift+R	在 Chrome 中打开
Alt+F1	获取 PHP 帮助	Ctrl+Alt+Shift+X	在 Firefox 中打开
Alt+F2	Google 搜索	Ctrl+Alt+Shift+I	在 IE 中打开
Alt+F3	Wikipedia 搜索	Ctrl+Alt+Shift+F	在 Safari 中打开
Alt+F5	打开文件	Ctrl+Alt+Shift+O	通过 Outlook 发送
Alt+F6	在新的实例中打开文件		

3.3.4 语音标注需要掌握的基础知识

语音标注是指将听到的音频进行转写，并适当打上一些标签。其性质与翻译类似，翻译是在准确、通顺、优美的基础上，把一种语言信息转变成另一种语言信息的行为。翻译是一种将相对陌生的表达方式转换成相对熟悉的表达方式的过程。因此刚入门语音标注的用户必须要了解一些关于语音和声学的基础知识。

1．关于语音的基础知识

1）采样

由于语音为连续的模拟信号，而计算机只能处理离散的数字信号，因此要用计算机来分析和处理语音，就需要经历模数转换过程（Anlog to Digital Converter，ADC），即将连续的模拟信号转换为离散的数字信号。采样就是按照一定的时间间隔从模拟连续信号中提取一定数量的样本，将其样本值用二进制码 0 和 1 来表示，这些 0 和 1 构成了数字音频文件，其过程实际上是将模拟连续信号转换成数字离散信号。

2）采样率

采样率表示每秒对原始信号采样的次数。显然，在一秒内采样的点越多，获取的信息越丰富，为了复原波形，一次振动中至少要有两个采样点，要想使采集到的信号不失真，采样频率规定至少为语音频率的 2 倍，因此要得到一个频率为 10000Hz 的语音，则其采样率至少要大于 20000Hz。采样率越高，数字信号的保真度越高，但同时占用的存储空间越大。若采样率低于语音频率的 2 倍，则会产生低频失真、信号混淆现象。

3）采样精度

采样精度是指存放一个采样值所使用的比特数。当用 8 比特（采样精度为 8 位）存放一个采样值时，对声音振幅的分辨等级理论上为 256 个，即 0～255；当用 16 比特（采样精度为 16 位）存放一个采样值时，对声音振幅的分辨等级理论上为 65536 个，即 0～65536。若将采样精度设置为 16 位，则计算机记录的采样值范围则为 -32768～32767 之间的整数。注意采样率和采样精度越大，记录的波形更接近原始信号，但同时占用的存储空间也越大。

4）声道

声道是指输入或输出信号的通道。通常用多声道来输入或输出不同的信号，如果只需录制一个位置的一种信号时，只要使用单声道就可以。

5）信噪比

信噪比指信号与噪声之间的能量比，录音时信噪比越高越好。16 位采样精度的信噪比大约是 96dB，8 位采样精度的信噪比大约是 48dB。在录音时简单估计噪声大小的办法是：当没有语音信号输入时，若麦克风输入的信号振幅值超过 200（单位为采样值，相当于 46dB），则认为噪声比较大，需要进行一定的控制。例如，在比较安静的环境下录音，关闭窗户、空调、电扇等噪声源，远离计算机等噪声源等，选用比较好的带有屏蔽功能的麦克风，选用比较好的声卡等。噪声的振幅值越低越好，录音室里的录音一般可以控制信号振幅值在 10（单位为采样值，相当于 20dB）以下。

注意，采样率和采样精度的设置越高越好，采样率和采样精度越高，则录制声音的质量越好，考虑到存储空间和语音信号的特点，一般可以设置为 16000 Hz 的采样率和 16 位的采样精度。若需要录制两个不同的信号源，则使用立体声，否则都使用单声道。

2．关于声学的基础知识

当物体振动时，会引起周围空气的波动，导致空气粒子间的距离发生疏密变化，从而引发空气压强的改变，然后通过人的耳膜对空气压强的反映传入大脑，从而形成声音。从物理上讲，声音具有 4 个基本特征：音色、音强、音高和音长。

1）声波

声波是由物体振动产生的，物体振动使周围的介子（如空气）产生波动，这就是声波。

声波的最简单形状是正弦波，由正弦波得到的声音称为纯音。在日常生活中，人们听到的大部分都不是纯音，而是复合音，这是由多个不同频率和振幅的正弦波叠加而成的。

2）声速

声波每秒在介质中传播的距离称为声速，用 c 表示，单位为 m/s。声速与传播声音的介质和温度有关。在常温常压的空气中，声速（c）和温度（t，单位为℃）的关系可简写为：$c \approx 331.4 + 0.607t \text{(m/s)}$。

3）波长

沿着声波传播方向，声波振动一周所传播的距离或在波形上相位相同的相邻两点的距离，称为波长，用 λ 表示，单位为 m。波长与物体的振动频率成反比：物体的振动频率越高，波长越短。波长、声速和物体的振动频率三者之间的关系为 $\lambda = c/f$。

4）振幅

振动物体离开平衡位置的最大距离称为振幅，通常用 A 表示。简谐振动的振幅是不变的。强迫振动在稳定阶段的振幅也是一个常数。阻尼振动的振幅逐渐减小，振幅是可以变化的。振幅是用来表示振动强弱的物理量，振幅越大表示振动强度越大，振幅越小表示振动强度越小。

5）分贝

分贝是增益或衰减单位，用来描述两个相同物理量之间的相对关系。声信号和电信号的相对强弱，例如，声压和电压、声功率和电功率放大（增益）和减小（衰减）的量都可以用分贝来表示。分贝的计算公式如下：

$$LN = 10\lg(A1 / Ar) \quad \text{或} \quad LN = 20\lg(A1 / Ar)$$

其中，Ar 是基准量，Al 是被测量，分贝的单位为 dB。被测量和基准量之比取以 10 为底的对数，该对数值称为被测量的"级"，它代表被测量比基准量高出多少"级"。根据公式可以得出，若被测量是基准量的 10 倍，则被测量比基准量高出 1 级；若被测量是基准量的 100 倍，则被测量比基准量高出 2 级，以此类推，每一级相差 10dB 或 20dB。

分贝的计算很简单，对于如声压、电压、电流强度等可以用振幅表示的物理量，将被测量与基准量相比后取常用对数再乘 20；对于如电功率、声功率和声强等采用平方项的物理量，取对数后再乘 10 就可以。若需要表示的量小于要相比的量时（比值小于 1），则求得的分贝前要加一个负号。

3. 语音标注的主要内容

TTS（Text-to-Speech，语音合成）即"从文本到语音"，是人机对话的一部分，是指让计算机能够说话。TTS 中最主要的一个指标是自然度，也就是当我们听见计算机跟我们说话时，能不能区分出来是人还是计算机。TTS 目前在很多电话机器人上的使用很广泛，而且几乎已经判断不出来是电话机器人在和你讲话。

ASR（Automatic Speech Recognition，语音识别）是将声音转换为文字。ASR 在中文领域的发展有很大的难度，中文由于其语言博大精深，而且方言众多，将声音转换为文字具有很多不确定性。但是这也为我们提供了一个很大的发展机遇和想象空间，ASR 与 NLP 相结合来进行应用可以发挥出真正的威力。

3.3.5　常用的语音处理工具

语音处理工具主要包括能实现录音、混音、剪辑等功能的软件。Protools 就是常用的语音处理工具之一，其最大的特点是经过处理的音频不会损失质量，同时 Protools 具有强大的音频处理功能和人性化的设计，其可加载插件数量很多，这些特点使得 Protools 成为了专业级的音频处理软件。Nuendo 是由德国 STEINBERG 公司推出的一款音频处理软件，它更加侧重后期音频处理。Logic 是一款基于 Mac 的强大的音频处理软件。Adobe Audition 是一款入门级的音频处理软件，它极易上手而且成本低。GoldWave 是一款音乐编辑软件，体积小巧，操作简单。语音标注转录的辅助工具有迅捷文字语音转换器，它可以轻松实现语音转文字、文字转语音及多国语言文本翻译，也可以实现将文本文档一键合成多音色语音。此外，语音标注转录的辅助工具还有配音文字转语音工具及语音转文字的辅助工具等。利用这些工具可以辅助语音标注项目，提高语音标注的效率。

下面以 GoldWave 为例讲解语音处理工具的基本功能。

1．GoldWave 简介

GoldWave 是一个功能强大的数字音乐编辑器，它可以对音频进行播放、录制、编辑及转换格式等处理，支持 WAV、OGG、VOC、IFF、AIFF 等几十种音频文件格式，可以从 CD、VCD、DVD 或其他视频文件中提取声音，GoldWave 有丰富的音频处理特效，从一般特效如多普勒、回声、混响、降噪到高级的公式计算（利用公式在理论上可以产生任何想要的声音），并能实现各种不同音频格式的相互转换。

2．音频播放

在主界面单击"文件"→"打开"命令，或单击工具栏的"打开"按钮，在打开的对话框中选择要播放的音频文件，单击"打开"按钮，声音波形将出现在窗口中，若是立体声文件，则分为左、右两个声道的波形，绿色部分代表左声道，红色部分代表右声道，可以分别或统一对它们进行操作，拖动鼠标可以绘制一个选区。

GoldWave 控制器工具栏如图 3-8 所示，通过该工具栏可以设置音频的播放方式、创建文件录音及在选区内录音等操作；工具栏上各个按钮对应的快捷键及功能如下：F2 表示从头开始全部播放，F3 表示只播放选区内音频，F4 表示从当前位置开始播放，F5 表示向后播放，F6 表示向前快速播放，F7 表示暂停，F8 表示停止，F9 表示创建一个文件开始录音，Ctrl+F9 组合快捷键表示在当前选区内开始录音，F11 表示设置控制器属性。

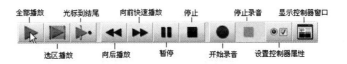

图 3-8　GoldWave 控制器工具栏

3．音频录制

录制音频之前应确保音频输入设备（麦克风）已经正确连接到计算机上，常用录制音频文件的方法是按 F9 键创建一个文件并开始录音；录音完毕后，单击"停止录音"按钮（或按 Ctrl+F8 组合快捷键）；单击 GoldWave 工具栏上的"保存"按钮，打开"保存声音为"对话框；选择文件类型、文件名及保存位置，单击"保存"按钮。

4．时间标尺和显示缩放

打开一个音频文件之后，在波形显示区域的下方有一个指示音频文件时间长度的标尺，它以秒为单位，清晰地显示音频任何位置的时间情况。

若音频文件太长或想要细微观察波形的细节变化，则可以改变显示的比例来进行查看，单击"查看"菜单下的"放大"或"缩小"命令可以完成，或按 Shift+↑组合快捷键进行放大操作，按 Shift+↓组合快捷键进行缩小操作。

若想详细观测波形振幅的变化，则可以加大纵向的显示比例，单击"查看"菜单下的"垂直方向放大"与"垂直方向缩小"，或按 Ctrl+↑组合快捷键或 Ctrl+↓组合快捷键，这时会看到出现纵向滚动条，拖动它就可以进行详细观测波形振幅的变化。

5．音频事件选择

对文件进行音频处理之前，必须先从中选择一段音频波形，称为音频事件。刚打开文件时，默认的开始标记在最左侧，结束标记在最右侧。

（1）单击"编辑"→"标记"→"设置"命令，选择"基于时间位置"或"基于采样位置"，设置开始值和结束值后，单击"确定"按钮可精确选择要截取的音频事件。

（2）用鼠标直接拉动"开始标记"或"结束标记"到适当位置，也可以在目标位置处单击鼠标右键，在弹出的快捷菜单中选择"设置开始标记"或"设置结束标记"来分别设定"开始标记"或"结束标记"。

（3）直接按下鼠标左键在波形区域拖动来选择要操作的音频事件。

当然，若选择位置有误或者需要更换选择区域，则可以使用"编辑"→"选择显示部分"命令（或按 Ctrl+W 组合快捷键），重新进行音频事件的选择。

6．音频文件截取

首先打开要截取的音频文件，选择要截取的音频事件，单击"文件"→"选定部分另存为"命令，在弹出的"保存选定部分为"对话框中，根据需要设置文件名、音频格式及音质，单击"保存"按钮。

7．音频文件编辑

1）复制音频波形

选择要复制的音频波形，单击"编辑"→"复制"命令或工具栏上的"复制"按钮或按 Ctrl+C 组合快捷键；然后用鼠标选择需要粘贴音频波形的位置，单击"编辑"→"粘贴"命令或工具栏上的"粘贴"按钮或按 Ctrl+V 组合快捷键。

2）移动音频波形

选择要移动的音频波形，单击"编辑"→"剪切"命令或工具栏上的"剪切"按钮或按 Ctrl+X 组合快捷键；然后用鼠标选择需要粘贴音频波形的位置，单击"编辑"→"粘贴"命令或工具栏上的"粘贴"按钮或按 Ctrl+V 组合快捷键。

3）删除音频波形

选中音频波形，单击 GoldWave 工具栏上的"删除"按钮或按 Delete 键，音频波形消失，后面的波形与前面的波形自动衔接。

4）剪裁音频波形

选中音频波形，单击 GoldWave 工具栏上的"剪裁"按钮或按 Ctrl+T 组合快捷键，剪裁音频波形是把未选中的音频波形删除。删除是"删除选定"音频波形，裁剪则是"删除未选定"音频波形，剪裁音频波形以后，GoldWave 会自动把剩下的波形放大显示。

5）声道选择

在 GoldWave 中立体声音频文件是采用双声道方式显示的，如果只想对其中一个声道的波形进行处理，另一个声道要保持原样，那么要单独选择声道，单击"编辑"→"声道"→"左声道"命令或指向上方声道的波形时单击鼠标右键，在快捷菜单中选择"声道"，则所有操作只对上方声道的波形起作用，下方的声道波形是深色的表示并不受到任何影响。若想对两个声道都起作用，则单击"编辑"→"声道"→"双声道"命令即可。

6）静音

在 GoldWave 的音频文件中想让部分时间段静音，有以下两种方法。

（1）选择部分波形，单击"编辑"→"静音"命令，则波形消失，选中处被静音；

（2）单击插入静音的位置，单击"编辑"→"静音"→"插入静音"命令，在弹出的"静音持续时间"对话框中输入需要静音的时间长度后，单击"确定"按钮，此时后面的波形向后平移，在插入点处增加一段无波形的时间段。

8．音频特效制作

1）添加回声效果

选择要添加回声效果的波形，单击"效果"→"回声"命令，弹出"回声"对话框，输入或调整回声的次数、延迟时间、音量大小和反馈等，单击"确定"按钮即可。

2）改变音调

单击"效果"→"音调"命令，打开"音调"对话框，输入或调整音阶、半音等值后，也可以选择一种预置效果，进行试听，最后单击"确定"即可在"歌词 MV"标签页面中，可以查看正在播放歌曲的歌词。

3）调节均衡器

选择"效果"→"滤波器"→"均衡器"命令，打开"均衡器"对话框，直接拖动代表不同频段的数字标识到一个指定大小的位置，也可以选择一种预置效果，进行试听，调节完成后单击"确定"按钮。

4）设置音量效果

① 降噪处理。单击"效果"→"滤波器"→"降噪"命令，弹出"降噪"对话框，进

行相应的设置，选择"预置"下拉列表内提供的选项，单击"确定"按钮。

② 压缩/扩展效果。单击"效果"→"压缩器/扩展器"命令，针对波形，先选择"扩展器"或"压缩器"，然后对倍增、阈值、起始和释放等项进行调整，勾选"设置"框中的相应复选框后单击"确定"按钮。

③ 更改声音文件速度。单击"效果"→"回放速率"命令，弹出"回放速率"对话框，用鼠标拖动滑块到指定位置，完成设置后，单击"确定"按钮。

9．音频文件合并

单击"工具"→"文件合并器"命令，弹出"文件合并器"对话框，单击左下角"添加文件"按钮，选择需要合并的文件，设置首选采样速率等。设置完毕后，单击"合并"按钮，弹出"保存声音为"对话框，选择"保存路径"及"保存类型"，然后输入"文件名"，选择一种"音质"，单击"确定"按钮，所选音频文件按照所选的前后次序合并成一个音频文件。

10．格式转换

1）单个转换

① 单击"文件"→"打开"命令，选择要转换的音频或视频文件，单击"打开"按钮。

② 单击"文件"→"另存为"命令，在弹出的"保存声音为"对话框中，设置文件名、音频格式及音质，单击"保存"按钮。

2）批量转换

单击"文件"→"批处理"命令，单击"添加文件"按钮选择要转换的文件，勾选"转换文件格式为"复选框，在"另存类型"中选择要转换的文件格式并设置音质，还可以对"处理""文件夹""信息"等三个选项卡进行设置，设置完毕后单击"开始"按钮进行转换。

11．制作手机铃声

用 GoldWave 可以轻松制作手机铃声，并保存到手机上。具体的操作步骤是：打开要转换或采集的铃声文件，经过音频解压过程后，就可以看到该文件的波形，单击"文件"→"另存为"命令，选择"保存类型"，输入"文件名"，单击"保存"按钮即可。

12．使用 GoldWave 抓取 CD 音频

如果需要编辑的音频素材在一张 CD 中，不需要用其他软件在各种格式之间切换，直接使用 GoldWave 将 CD 音频复制成一个 MP3 格式的声音文件即可。

运行 GoldWave，单击"工具"→"CD 读取器"命令，或单击工具栏"CD 读取器"按钮，弹出"CD 读取器"对话框，勾选 CD 上的曲目，然后单击"保存"按钮，弹出"保存 CD 曲目"对话框，选择保存的目标文件夹、另存类型和音质，单击"确定"后进行 CD 音频的抓取及保存操作。

3.3.6 图像标注需要掌握的基础知识

图像标注是最简单、最常用的数据标注类型，主要包括矩形拉框、多边形拉框、打点标注、语义分割、点云拉框、VR 打点标注、OCR 文本识别等项目，由于其直观且容易上手，

因此数据标注的从业者一般是从图像标注开始了解数据标注的。图像标注是为了让计算机更好地识别图像，图像标注就是用标注好的图像给计算机，告诉其是什么及其相关信息。通过不断强化监督学习，计算机就能够根据未标注的图像描述出图像内容，从而针对图像进行处理。图像处理是指对图像进行采集、显示、存储、通信、处理和分析五个模块。为了更好地完成图像标注项目，我们需要了解与图像相关的基础知识。

1. 数字图像

数字图像是指以二进制数字形式表示的二维图像，利用计算机图像技术以数字的方式来记录、处理和保存图像信息。在完成图像信息数字化以后，整个数字图像的输入、处理与输出的过程都可以在计算机中完成，它们具有电子数据文件的所有特性。通常把计算机图像主要分为两大类：位图图像和矢量图形。

2. 位图图像

位图图像是指使用图像元素的矩形网格表现图像。每个像素都分配有特定的位置和颜色值。在处理位图图像时，人们所编辑的是像素。位图图像与分辨率有关，其包含固定数量的像素。因此，如果在屏幕上以高缩放比例对位图图像进行放大会出现锯齿，如图 3-9 所示。

图 3-9　放大后的位图图像出现锯齿

1）位图图像数字化

通过数码照相机、数码摄像机、扫描仪等设备获取的数字图像，都需要经过模拟信号的数字化过程。位图图像数字化过程分为 4 个步骤。

① 扫描。将画面划分为 $M \times N$ 个网格，每个网格称为一个采样点，每个采样点对应于生成后图像的像素。

② 分色。将彩色图像采样点的颜色分解为 R、G、B 三个基色。若是灰度或黑白图像，则不必进行分色。

③ 采样。测量每个采样点上每个颜色分量的亮度值。

④ 量化。对采样点每个颜色分量的亮度值进行 A/D 转换，即把模拟量转换为数字量。一般的扫描仪和数码照相机生成的都是真彩色图像。

将上述步骤转换的数据以一定的格式存储为计算机文件，即完成了整个位图图像数字化的过程。

2）位图图像的主要参数

① 分辨率。分辨率是影响位图图像质量的重要因素。图像的像素是成行和成列排列的，像素的列数称为水平分辨率，像素的行数称为垂直分辨率。整幅图像的分辨率是由"水平分辨率×垂直分辨率"来表示的。图像分辨率越高，所包含的像素就越多，图像就越清晰，印刷的质量就越好，同时所占用的存储空间越大。

② 色彩空间。色彩空间（又称为颜色模型）是一个三维颜色坐标系统和其中可见光子集的说明。使用专用颜色空间是为了在一个定义的颜色域中说明颜色。常见的色彩空间有RGB（红、绿、蓝）色彩空间、CMYK（青、品红、黄、黑）色彩空间、YUV（亮度、色度）色彩空间和HSV（色彩、饱和度、亮度）色彩空间等。

由于人类的眼睛对红、绿、蓝三基色最敏感，因此计算机屏幕采用RGB色彩空间。在彩色打印和彩色印刷中，采用的是由颜料的青、品红、黄三基色及黑色来表现颜色的CMYK色彩空间。中国、欧洲等PAL制式电视系统中采用YUV色彩空间；美国、日本等NTSC制式电视系统中采用YIQ色彩空间。这几种色彩空间之间是可以相互转换的。

③ 像素深度。像素深度也称为位深度，是指位图中记录每个像素点所占的二进制位数。常用的像素深度有1、4、8、16、24等。像素深度决定了可表示的颜色的数目。当像素深度为24时，像素的R、G、B等3个基色分量各用8比特来表示，共可记录2^{24}种色彩。这样得到的色彩可以反映原图的真实色彩，故称为真彩色。

3）位图图像的存储

位图图像在计算机中表示时，单色图像使用一个矩阵，彩色图像一般使用3个矩阵。矩阵的行数称为图像的垂直分辨率，列数称为图像的水平分辨率，矩阵中的元素表示像素的颜色分量的亮度值，用整数表示。

位图图像文件的大小用它的数据量表示，与分辨率和像素深度有关。图像文件大小是指存储整幅图像所占的字节数。其计算公式如下：

$$图像文件的字节数 = 图像分辨率×像素深度/8$$

例如，一幅图像是分辨率为1024×768的单色图像，其文件的大小为(1024×768×1)/8 = 98304B。一幅同样大小的图像，若显示为256色，即图像深度为8位，则其文件的大小为(1024×768×8)/8=786432B。若显示为24位色，则其文件的大小为1024×768×24/8=2359296B。

通过以上的计算，可以看出位图图像文件所需的存储容量都很大，如果在网络中传输，所需的时间也较长，所以需要压缩以减少数据。由于数字图像中的数据相关性很强，即数据的冗余度很大，因此对图像进行大幅度的数据压缩是完全可行的。并且，人眼的视觉有一定的局限性，即使压缩后的图像有一定的失真，只要限制在一定的范围内，也是可以接受的。

图像的数据压缩有两种类型：无损压缩和有损压缩。无损压缩是指压缩以后的数据进行还原，重建的图像与原始的图像完全相同。常见的无损压缩编码（或称为压缩算法）有行程长度编码（RLE）和霍夫曼（Huffman）编码等。有损压缩是指将压缩后的数据还原成的图像与原始图像之间有一定的误差，但不影响人们对图像含义的正确理解。

图像数据的压缩率是压缩前数据量与压缩后数据量之比，即

$$压缩率=压缩前数据量/压缩后数据量$$

对于无损压缩，压缩率与图像本身的复杂程度关系较大，图像的内容越复杂，数据的冗余度就越小，压缩率就越低；相反，图像的内容越简单，数据的冗余度就越大，压缩率就越高。对于有损压缩，压缩率不仅受图像内容的复杂程度影响，还受压缩算法的设置影响。

图像的压缩方法有很多，不同的图像压缩方法适用不同的应用领域。评价一种图像压缩方法的优劣主要看三个方面：压缩率、重建图像的质量（对有损压缩而言）和压缩算法的复杂程度。

4）常见的位图图像格式

① BMP 格式。BMP 是 Bitmap 的缩写，一般称为位图格式，是 Windows 系统采用的图像文件存储格式，以".bmp"和".dib"为扩展名。以".dib"为扩展名的位图图像是指与设备无关的位图。在 Windows 系统中所有的图像处理软件都支持这种格式。压缩的位图采用的是行程长度编码，属于无损压缩编码。

② GIF 格式。GIF 是 Graphics Interchange Format 的缩写，是美国 CompuServe 公司开发的图像文件格式，采用了 LZW 压缩算法，属于无损压缩编码，并支持透明背景，颜色数最大为 256 色。它可以将多张图像保存在同一个文件中，这些图像能按预先设定的时间间隔逐个显示，形成一定的动画效果，GIF 格式常用于网页制作。

③ PNG 格式。PNG 格式的图像使用 LZ77 派生的无损数据压缩算法。PNG 格式支持流式读写性能，适合于在网络通信过程中连续传输图像，逐渐由低分辨率到高分辨率、由轮廓到细节地显示图像。

④ JPEG 格式。JPEG 格式是由 JPEG 专家组制定的图像数据压缩的国际标准，是一种有损压缩算法，其压缩率可以控制。JPEG 格式特别适合处理各种连续色调的彩色或灰度图像（如风景、人物照片），算法复杂度适中，绝大多数数码照相机和扫描仪可直接生成 JPEG 格式的图像文件，其扩展名有".jpeg"".jpg"等。

3．矢量图形

矢量图形是用一组指令集合来描述图形的内容，这些指令用来描述构成该图形的所有直线、圆、圆弧、矩形、曲线等图元的位置、维数和形状等。矢量图形分为二维图形和三维图形。

在计算机上显示矢量图形时，首先需要使用专门的软件读取并解释这些指令，然后将它们转变成计算机屏幕上显示的形状和颜色，最后通过使用实心的或者有等级深浅的单色或色彩填充一些区域而形成图形。由于大多数情况下不用对图形上的每个点进行量化保存，所以需要的存储空间很少，但显示时的计算时间较多。

矢量图形压缩后不变形，它充分利用了输出设备的分辨率，且矢量图形尺寸可以任意变化而不损失图像的质量。矢量图形只是简单地命令输出设备创建一个给定大小的图形物体，并采用尽可能多的"点"。可见，输出设备输出的"点"越多，同样大小的矢量图形就越光滑。

常用的矢量图形格式有 AI、CDR、DWG、WMF、EMF、SVG、EPS 等。

① AI 是 Adobe 公司 Illustrator 中的一种图形文件格式，用 Illustrator、CorelDraw、

Photoshop 均能打开、编辑等。

② CDR 是 Corel 公司 CorelDraw 中的专用图形文件格式，在所有 CorelDraw 应用程序中均能使用，但其他图形编辑软件不支持。

③ DWG、DXF 是 Autodesk 公司 AutoCAD 中使用的图形文件格式。DWG 是 AutoCAD 图形文件的标准格式。DXF 是基于矢量的 ASCII 文本格式，用来与其他软件之间进行数据交换。

④ WMF 是 Microsoft Windows 图元文件格式，具有文件短小、图案造型化的特点。该类图形比较粗糙，且只能在 Microsoft Office 中调用编辑。

⑤ EMF 是 Microsoft 公司开发的 Windows 32 位扩展图元文件格式，其目标是要弥补 WMF 文件格式的不足，使得图元文件更易于使用。

⑥ SVG 是基于 XML 的可缩放的矢量图形格式，由 W3C 联盟开发，可任意放大图形显示，边缘异常清晰，且生成的文件小，下载快。

⑦ EPS 是用 PostScript 语言描述的 ASCII 图形文件格式，在 PostScript 图形打印机上能打印出高品质的图形图像，最高能表示 32 位图形图像。

3.3.7 常用的图像处理工具

对已获取的图像往往不直接使用，通常需要经过图像处理软件的加工处理才能使用。能够进行图像处理的软件和工具很多，常见的图像处理的软件有 Photoshop、Photoshop Styler、Image Star、MDK 等，常见的图像处理工具 BitEdit、PalEdit、Convert 等。其中，Photoshop 是目前最常用的功能强大的图像处理和设计软件，它功能完善、性能稳定、使用方便，成为众多图像处理软件中的佼佼者。目前数据标注公司在招聘数据标注员时，对其运用 Photoshop 能力也十分重视。下面就以 Photoshop 为例来介绍图像处理软件对图像的处理过程。

1. Photoshop 的主界面

Photoshop 的主界面如图 3-10 所示。单击菜单项"窗口"，可打开或关闭工具箱面板及其他浮动面板。

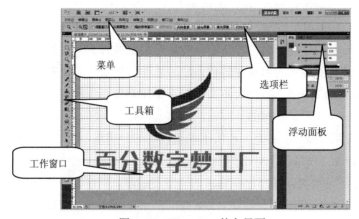

图 3-10　Photoshop 的主界面

2．改变图像大小

第 1 步：单击"文件"→"打开"，打开需要调整尺寸的原始图像。

第 2 步：单击"图像"→"图像大小"，弹出"图像大小"对话框，在宽度和高度输入框里输入相应的数字，单击"确定"按钮。

3．抠取图像

在进行图像处理时，经常需要从现有的图像素材中抠取一部分使用，这就要用到抠取图像技术。在 Photoshop 中，抠取图像的方法有很多种，这里介绍利用选择工具抠取图像的方法。

Photoshop 的工具箱提供三种选择工具，如图 3-11 所示。

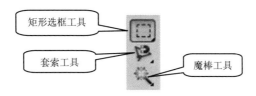

图 3-11　Photoshop 的选择工具

① 矩形选框工具：主要用于选择矩形区域。若将鼠标放在矩形选框工具图标上，并按住鼠标不放，则会出现一个工具列表，这些工具可以建立矩形或椭圆形选区，甚至可以建立只有一个像素的水平或垂直选区。

② 套索工具：可用于选取不规则形状的自由选区。另外两个与标准"套索"工具共享同一位置的套索工具为多边形套索工具和磁性套索工具。多边形套索工具可以通过单击屏幕上的不同点来创建直线多边形选区。磁性套索工具能够自动对齐到图像的边缘，常用于创建精确的复杂选区。

③ 魔棒工具：魔棒工具可以根据颜色的相似性来选取选区。它可以选择一个图像中与其他区域颜色不同的区域，此工具的作用很大。

灵活利用以上三种选择工具，可以从一幅图像中抠取想要的区域进行复制、粘贴等操作。

4．图像颜色的调整

在进行图像处理时，经常需要对图像进行颜色调整，例如，经数码照相机拍摄或者扫描仪扫描的图像，由于拍摄环境等因素有时会有颜色失真的现象，图像效果不理想。我们可以使用 Photoshop 对图像颜色进行调整。

1）颜色的属性

在对图像颜色进行调整之前，需要先认识一下颜色的三个属性：色相、饱和度和明度。色相是颜色的名称，用于描述颜色种类。饱和度指一种色彩的浓烈或鲜艳程度，饱和度越高，颜色中的灰色组分就越低，颜色的浓度也就越高。明度是指颜色的明暗程度，它主要取决于该颜色吸收光线的程度。

2）颜色调整方法

单击菜单项"图像"→"调整"→"色相/饱和度"，打开"色相/饱和度"对话框，拖动颜色三个属性的滑块，即可调整图像的颜色，如图 3-12 所示。

图 3-12　图像颜色调整窗口

5．Photoshop 的图层

图层是 Photoshop 中十分重要的概念。引入图层的概念，便于把一张复杂的图像分解为相对简单的多层结构，每一个图层都可以进行独立调整，而图层又通过上下叠加的方式来组成整个图像。操作时可以根据需要添加很多图层，方便地对图像的效果进行灵活调整，如图 3-13 所示。我们可以通过图层浮动面板管理图层，如图 3-14 所示。

图 3-13　图层概念示意图　　　　　　　　图 3-14　图层浮动面板

3.3.8　视频标注需要掌握的基础知识

视频是由图像连续播放组成的（1 秒的视频包含 25 帧图像，每 1 帧都是 1 张图像）。因此，如果按照数据标注的工作内容来分类，视频标注其实可以统称为图像标注。视频标注主要集中在关键帧图像层，对整段视频进行粗略地标注，标注的关键字仅包含类型信息。然而这种标注显然不能满足视频检索的需要，还需要对视频内部的各小段内容进行更精细地标注。关键帧图像层标注首先通过镜头边缘检测把视频切分成在时间上连续的小段，再用关键帧提取算法从每段镜头中提取一帧图像作为关键帧，最后基于提取出的关键帧，标注一些关键字作为对此镜头内容的描述。

视频标注首先对源视频要做结构化处理（镜头检测、分割、关键帧提取）得到关键帧，然后就和图像标注过程一样，所以视频标注是在图像标注的基础上再结合视频的时间连续性、运动、无结构性这些特性进行标注。为了更好地完成视频标注项目，需要了解以下视频相关基础知识。

视频是由连续的画面（称为帧）序列组成的，这些画面以一定的速率（fps，每秒显示帧的数目）连续地投射在屏幕上，使观察者有图像连续运动的感觉。

1．视频数字化

计算机只能处理数字化信号，普通的 NTSC 制式和 PAL 制式的视频是模拟的，必须进行模/数转换和彩色空间变换等过程。视频的数字化是指在一段时间内以一定的速率对视频信号进行捕获并加以采样后形成数字化数据的处理过程。

视频数字化的方法有复合数字化和分量数字化。复合数字化是先用一个高速的模/数转换器对全彩色电视信号进行数字化，然后在数字域中分离亮度和色度，以获得 YUV（PAL 制式）分量或 YIQ（NTSC 制式）分量，最后转换成 RGB 分量。分量数字化是先把复合视频信号中的亮度和色度分离，得到 YUV 分量或 YIQ 分量，然后用 3 个模/数转换器对 3 个分量分别进行数字化，最后转换成 RGB 空间。模拟视频一般采用分量数字化方式。

数字视频的数据量是非常大的。例如，一段时长为 1 分钟，分辨率为 640×480 的视频（30 帧/分，真彩色），未经压缩的数据量是（640×480）像素×3B/像素×30 帧/分×60 =1 658 880 000 B＝1.54GB。

因此，两小时的电影未经压缩的数据量达 66 355 200 000 B，超过 66GB。另外，视频信号中一般包含音频信号，音频信号同样需要数字化。如此大的数据量，无论是存储、传输还是处理都有很大的困难，所以未经压缩的数字视频数据量对于目前的计算机和网络来说无论是存储或传输都是不现实的，因此，在多媒体中应用数字视频的关键问题是视频的压缩技术。

2．视频的压缩

数字视频的文件很大，而且视频的捕捉和回放要求很高的数字传输率，在采用视频工具编辑文件时自动适用某种压缩算法来压缩文件大小，在回放视频时，通过解压缩尽可能再现原来的视频。视频压缩的目标是尽可能在保证视觉效果的前提下减少视频数据量。由于视频是连续的静态图像，因此其压缩编码算法与静态图像的压缩编码算法有某些共同之处，但是运动的视频还有其自身的特性，所以在视频压缩时还应考虑其运动特性才能达到高压缩的目标。由于视频中图像内容有很强的信息相关性，相邻帧的内容又有高度的连贯性，再加上人眼的视觉特性，所以数字视频的数据可进行成几百倍的压缩。

3．视频文件格式

国际标准化组织和各大公司都积极参与视频压缩标准的制定，并且已经推出大量实用的视频压缩格式。

1）AVI 格式

AVI（Audio Video Interleaved，音频视频交错）格式是 1992 年由 Microsoft 公司随 Windows 3.1 版本一起推出的，以 ".avi" 为扩展名。它的优点是图像质量好，缺点是体积过于庞大，不适合于长时间的视频内容。

2）MPEG 格式

MPEG（Moving Picture Expert Group，运动图像专家组）格式是运动图像压缩算法的国际标准，它采用了有损压缩方法从而减少运动图像中的冗余信息。目前 MPEG 格式有三个压缩标准，分别是 MPEG-1、MPEG-2 和 MPEG-4。另外，MPEG-7 与 MPEG-21 正处于研发阶段。

3）WMV 格式

WMV（Windows Media Video）也是 Microsoft 公司推出的一种采用独立编码方式并且可以直接在网上实时观看视频的视频压缩格式。WMV 格式的主要优点包括：支持本地或网络回放、可扩充的媒体类型、部件下载、流的优先级化、多语言支持、环境独立性、丰富的流间关系以及扩展性等。

4）RMVB 格式

RMVB 是一种由 RM 格式延伸出的新视频格式，它的先进之处在于打破了 RM 格式平均压缩采样的方式，在保证平均压缩比的基础上合理利用比特率资源，静止和动作场面少的画面场景采用较低的编码速率，这样可以留出更多的带宽空间，而这些带宽空间会在出现快速运动的画面场景时被利用。这样在保证了静止画面质量的前提下，大幅地提高了运动图像的画面质量，从而在图像质量和文件大小之间达到了平衡。

5）SWF 格式

SWF 是一种基于矢量的 Flash 动画文件，一般用 Flash 软件创作并生成 SWF 格式的文件，也可以通过相应软件将 PDF 等类型的文件转换为 SWF 格式。SWF 格式的文件广泛用于创建吸引人的应用程序，包含丰富的视频、声音、图形和动画。SWF 格式的文件被广泛应用于网页设计、动画制作等领域。

6）FLV 格式

FLV（Flash Video）格式是随着 Flash MX 的推出而发展而来的一种新兴的视频格式。FLV格式的文件体积小巧，1 分钟的清晰的 FLV 格式的视频大小为 1MB 左右，一部 FLV 格式的电影大小为 100MB 左右，是普通视频文件体积的 1/3。由于其形成的文件极小、加载速度极快，使得用网络观看视频成为可能，它的出现有效地解决了视频文件导入 Flash 软件后，使导出的 SWF 格式的文件体积庞大，不能在网络上很好使用等问题。因此 FLV 格式被众多新一代视频分享网站所采用，是目前增长最快、最为广泛的视频传播格式。

4．常用视频术语

1）帧（Frame）

帧是视频中的基本信息单元。标准剪辑以每秒 30 帧（Frames Per Second，FPS）的速率播放。

2）帧速率

帧速率也是描述视频信号的一个重要概念，帧速率是指每秒扫描的帧数。对于 PAL 制式电视系统，帧速率为 25 帧，而对于 NTSC 制式电视系统，帧速率为 30 帧。虽然这些帧速率足以提供平滑的运动，但还没有高到足以使视频显示避免闪烁的程度。根据实验，人的眼睛可觉察到以低于 1/50 秒速度刷新图像中的闪烁。然而，要求帧速率提高到这种程度，要求显著增加系统的频带宽度，这是相当困难的。为了避免这样的情况，全部电视系统都采用了隔行扫描法。

3）时基（Time Base）

时基为每秒 30 帧，因此，一个一秒长的视频包括 30 帧。

4）时：分：秒：帧（Hours：Minutes：Seconds：Frames）

以时：分：秒：帧来描述剪辑持续时间的代码标准。若时基设定为每秒 30 帧，则持续时间为 0：00：06：51：15 的剪辑表示它将播放 6 分 51.5 秒。

5）剪辑（Clip）

视频的原始素材可以是一段视频、一张静止图像或者一个声音文件。在 Adobe Premiere 中，一个剪辑是一个指向硬盘文件的指针。

6）获取（Capture）

获取是指将模拟原始素材（影像或声音）数字化并通过使用 Adobe Premiere Movie Capture 或 Audio Capture 命令直接把图像或声音录入计算机的过程。

7）透明度（Transparency）

透明度是指素材在另一个素材上叠加时不会产生其他的附加效果。

8）滤镜（Filters）

滤镜主要用于提升图像的质量，音频的处理也经常用到滤镜。通过定义一个平均的算法将图像中线条和阴影区域的邻近像素进行平均，从而产生连续画面间平滑过渡的效果。

5．视频制作的过程

一般来说，计算机进行的视频制作包括把原始素材镜头编织成视频所必需的全部工作过程，主要分以下 6 步。

1）整理素材

素材是指用户通过各种手段得到的未经过编辑（或称为剪接）的视频文件，这些文件都是数字化的文件。制作视频时，需要将拍摄到的胶片中包含声音和画面图像输入计算机，转换成数字化文件后再进行加工处理。

2）确定编辑点（切入点和切出点）和镜头切换的方式

在进行视频编辑时，选择所要编辑的视频文件，对它设置合适的编辑点，就可以达到改变素材的时间长度和删除不必要素材的目的。镜头切换是指把两个镜头衔接在一起，实现一个镜头突然结束，下一个镜头立即开始。在制作视频时，这既可以实现视频的实际物理接合（也称为接片），又可以人为创作银幕效果。

3）制作编辑点记录表

视频编辑离不开对磁带或胶片上的镜头进行搜索和挑选。编辑点是指磁带上和某一特定的帧画面相对应的显示数字。寻找帧画面时，数码计数器上都会显示出一个相应变化的数字，一旦把该数字确定下来，它所对应的帧画面也就确定了，就可以认为确定了一个编辑点（一般称为帧画面的编码），编辑点分为切入点和切出点。

4）把素材编辑成视频

剪辑师按照指定的播放次序将不同的素材组接成整个片段，精确到帧的操作可以实现素材的精准衔接。

5）在视频中叠加标题和字幕

视频制作工具中的标题视窗工具为制作者提供展示自己艺术创作与想象能力的空间。利用这些工具，用户能为视频创建和增加各种有特色的标题（仅限于两维）和字幕，并可以实现各种效果，如滚动、产生阴影和产生渐变等。

6）添加声音效果

该步骤是 3）制作编辑点记录表的后续工作。在制作视频的过程中，不仅要对视频进行编辑，也要对音频进行编辑。一般来说先把视频编辑好，最后才进行音频的编辑。添加声音效果是视频制作不可缺少的步骤。

3.3.9　常用的视频处理工具

随着抖音、快手等各类短视频社交软件的流行，以及百家号、快头条、大鱼号和企鹅号等自媒体的兴起，越来越多人做起了视频编辑，很多人把自己生活的趣事拍成短视频，发布到网上。然而，一般情况下拍出来的视频都是要经过编辑才发布到网上。

1．常用的视频编辑软件

1）爱剪辑

爱剪辑是国内首款免费视频剪辑软件，该软件简单易学，不需要掌握专业的视频剪辑知识也可以轻易上手。爱剪辑支持大多数的视频格式，自带字幕特效、素材特效、转场特效及画面风格，如果对于软件自带的特效不满意，官网还提供其他特效下载，而且，该软件运行时占用资源少，所以对计算机的配置要求不高，目前市面上的计算机一般都可以完美运行。爱剪辑最大的缺点是在视频导出时，会强制添加爱剪辑的片头和片尾。

2）快剪辑

快剪辑是 360 公司推出的免费视频剪辑软件，该软件和爱剪辑差不多，也非常简单易学且带有一定的特效，只是该软件没有爱剪辑自带的特效多，也没有爱剪辑功能齐全。不过，快剪辑最大的亮点是在使用 360 浏览器播放视频时，可以边播边录制视频，这样我们在制作视频时如果需要用到某个视频片段时，可以使用该软件直接录制下来，不需要把整个视频下载下来，而且，在导出视频时，快剪辑不会强制添加片头和片尾。快剪辑的缺点是只适合用于制作简单的视频拼接剪辑，不适合做复杂的视频编辑，而且在导出视频时，无法修改视频的宽高尺寸。

3）会声会影

会声会影是加拿大 Corel 公司制作的收费视频编辑软件，该软件功能比较齐全，有多摄像头视频编辑器、视频运动轨迹等功能，而且支持制作 360°全景视频，可导出多种常见的视频格式，甚至可以直接制作成 DVD 和 VCD 光盘。会声会影自带视频模板和视频特效，官网也提供很多视频模板和特效下载。会声会影的缺点是对于计算机有一定的配置要求，而且对于会声会影的使用要有一定的剪辑知识，不然前期上手可能会有点难度。

4）Adobe Premiere

Adobe Premiere 是美国 Adobe 公司推出的一款功能强大的视频编辑软件。该软件功能齐全，用户可以自定义界面按钮的摆放，只要计算机配置足够强大就可以无限添加视频轨道，而且，Adobe Premier 的"关键帧"功能是上面的三个软件不具备的。使用"关键帧"功能，可以轻易制作出动感十足的视频，包括移动片段、片段的旋转、放大、延迟和变形，以及一些其他特技和运动效果结合起来的技术。Adobe Premiere 的缺点是对计算机配置要求较高。而且，Adobe Premiere 要求使用者有一定的视频编辑知识。

5）Adobe After Effects

Adobe After Effects 是美国 Adobe 公司推出的一款功能强大的视频特效制作软件，主要用于视频的后期特效制作，目前最新版本为 Adobe After Effects CC 2019。该软件功能齐全，可以制作各种震撼的视觉效果。Adobe After Effects 可以和 Adobe Premiere 配合使用，但前提是要求 Adobe After Effects 和 Adobe Premiere 必须为同一个版本。Adobe After Effects 的缺点是对计算机配置要求较高，即使计算机满足 Adobe Premiere 的配置要求，也未必满足 Adobe After Effects 的配置要求，而且 Adobe After Effects 在渲染视频时非常消耗计算机内存。

2. 快剪辑操作指南

快剪辑支持添加本地视频、本地图片、网络视频、网络图片，且支持在线剪辑，如果需要的素材是在线视频，那么仅需要将视频链接复制到软件内，即可实现边播放边剪辑。

使用浏览器观看在线视频时，当鼠标移动到视频上时，在视频窗口右上角会出现"录制小视频"按钮，如图 3-15 所示。

图 3-15　浏览器中播放时出现"录制小视频"按钮

进入录制窗口，单击圆形按钮后便开始录制视频，然后按钮变为方形，右侧时间开始计时，并且显示视频大小，再单击方形按钮则停止录制。录制完成后自动弹出快剪辑，进入编辑界面。上面分别为基础设置、剪裁、贴图、标记、二维码、马赛克等选项，右侧是选项的子菜单栏，快剪辑主窗口如图 3-16 所示。

图 3-16　快剪辑主窗口

在快剪辑主窗口可以进行添加视频、图片、音乐、音效、字母及特效功能的操作，也可以进行调节倍速、编辑、剪裁、静音、删除、音轨分离、复制、美颜等操作。完成相关操作后，单击"保存导出"按钮，进入如图 3-17 所示的快剪辑编辑窗口。

图 3-17　快剪辑编辑窗口

快剪辑编辑窗口的左侧为视频名称、码率等选项，其他选项无特殊情况下可全部依照默认设定，右侧为是否添加片头或水印选项。设置完成后，单击"开始导出"按钮，进入最后的编辑页面，该页面主要进行视频的信息编辑。完成后单击"下一步"按钮，进入导出等待界面，100%导出完成后可选择打开文件夹位置进行查看。视频完全剪辑完成后，若想直接分享，可再单击"下一步"按钮进行分享。

3.4　常用的数据标注工具

数据标注是人类通过计算机等工具对各种类型的数据如文本、语音、图像、视频等通过不同的标注方式为它们贴上标签，并提供给计算机学习。数据标注是人工智能发展过程中，必不可少的一个环节。数据标注行业注重高效和准确，一个好用的数据标注工具可以帮助团队节约成本，提高数据标注效率。

3.4.1　labelImg 图像标注工具

labelImg 是一款图像标注工具，其主要的特点是操作简单、使用方便。打开图像后，只需用鼠标框出图像中的目标，并选择该目标的类别，便可以自动生成 VOC 格式的 XML 文件。

1. labelImg 的安装

labelImg 是一个使用 Python 开发的开源工具，其可以在 Windows、Linux、Ubantu、iOS 等系统上运行。在使用 labelImg 前需要先安装并配置好 Python 环境，然后在网上可以下载源代码，运行时需要先配置运行环境，详细配置步骤见附录 C。

2. labelImg 的使用方法

使用 labelImg 时需要在 pythonlabelImg.py 中打开一个标注的图形界面，在 open_dir 打开 images 所在的文件夹，在 change save dir 打开 annotations 文件夹，才能开始标注，labelImg 的导出仅支持 XML 格式，导出时一张图像与一个 XML 文件对应。

1）配置预定义分类名

预定义的分类名保存在 labelImg.exe 文件所在路径下的 data\predefined_classes.txt 文本文件中，按行存放，每行存放一个预定义分类名。

2）基本功能

双击 labelImg.exe 文件，出现如图 3-18 所示的窗口界面，说明 labelImg 已经正常启动。

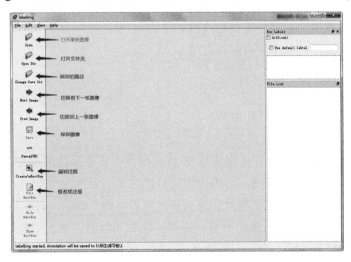

图 3-18　labelImg 主界面和基本功能窗口

在 labelImg 窗口的左侧有基本操作功能的按钮；其中，"Open"表示打开单张图像，"Open Dir"表示打开文件夹，"Change Save Dir"表示图像保存的路径，"Next Image"表示切换到下一张图像，"Prev Image"表示切换到上一张图像，"Save"表示保存图像，"Create \nRectBox"表示画标注框，"Edit RectBox"表示修改标注框。

3）labelImg 中常用的快捷键

Ctrl+O 组合快捷键：打开图像文件。

Ctrl+U 组合快捷键：打开图像所在的文件夹。

Ctrl+R 组合快捷键：更改结果保存的位置。

W 键：开始画标注框。

Ctrl+S 组合快捷键：保存标注结果。

D 键：下一张图像。

A 键：上一张图像。

Delete 键：删除画的标注框。

Ctrl++组合快捷键：图像放大。

Ctrl+−组合快捷键：图像缩小。

Ctrl+=：保持图像原始大小。

Ctrl+D 组合快捷键：复制当前标注框的标签和框。

Ctrl+Q 组合快捷键：退出软件。

Ctrl+F 组合快捷键：适合窗口的图像大小。

Ctrl+E 组合快捷键：编辑标签。

Ctrl+Shift+O 组合快捷键：打开的文件夹只显示 XML 格式的文件

Ctrl+L 组合快捷键：修改标注框边线的颜色。

Ctrl+Shift+S 组合快捷键：将图像另存为。

Ctrl+J 组合快捷键：修改标注框。

Ctrl+D 组合快捷键：复制框。

Ctrl+H 组合快捷键：隐藏所有的标注框。

Ctrl+A 组合快捷键：显示所有的标注框。

Space 键：标记当前图像。

4）操作方法

① 单击"Open Dir"按钮打开需要标注的图像所在的文件夹，打开了第一张需要标注的图像。

② 使用"Create\nRectBox"按钮或按 W 键对图像中需要标注的部分进行画框。

③ 画完框后，松开鼠标左键，会弹出选择标注类别信息框。

④ 选择所需的标注类别或者输入新的类别，然后单击"OK"按钮。

⑤ 继续标注，直到一张图像的所有目标都标注成功以后，单击"Save"按钮，此时就在标注图像的文件夹下生成一个对应图像名的 XML 格式的文件，里面保存了标注信息。

⑥ 单击"Next Image"按钮或按 D 键，对下一张图像进行标注。

3.4.2　labelme 图像标注工具

labelme 支持对图像进行多边形、矩形、圆、折线、点、语义分割等形式的标注，可用于目标检测、语义分割、图像分类等任务。作为一款开源工具，labelme 布局简单，图形界面使用的是 Qt（PyQt）。labelme 可以生成 VOC 格式和 COCO 格式的数据集且以 JSON 文件格式存储标注信息。

1．labelme 的安装

labelme 是一个使用 Python 开发的开源工具。在使用 labelme 前需要先安装并配置好 Python 环境，然后在网上可以下载源代码，运行时需要先配置运行环境，详细配置步骤见附录 D。

2．labelme 的使用方法

1）基本功能

双击 labelme.exe 文件，打开 labelme 主界面，如图 3-19 所示，说明 labelme 已经正常启动。

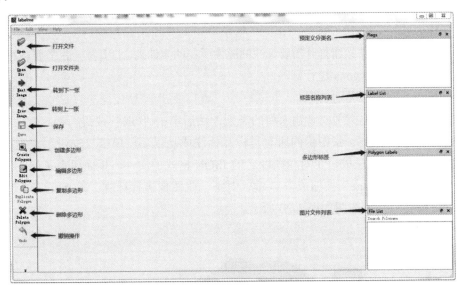

图 3-19　labelme 主界面

2）labelme 的快捷键

为了提高标注效率，labelme 提供了大量的快捷键，在 home 文件夹下面有一个隐藏文件.labelmerc，打开.labelmerc，其中是默认的快捷键，也可以根据习惯自定义操作快捷键。

系统默认的快捷键如下。

Ctrl+O 组合快捷键：打开图像文件。

Ctrl+U 组合快捷键：打开图像所在的文件夹。

Ctrl+S 组合快捷键：保存标注结果。

Ctrl+Shift+S 组合快捷键：将图像另存为。

Ctrl+W 组合快捷键：关闭标注。

Ctrl+Q 组合快捷键：退出工具。

D 键：下一张图像。

A 键：上一张图像。

Delete 键：删除画的标注框。

Ctrl++组合快捷键：图像放大。

Ctrl+−组合快捷键：图像缩小。

Ctrl+O 组合快捷键：保持原始图像大小。

Ctrl+F 组合快捷键：适合窗口的图像大小。

Ctrl+N 组合快捷键：创建多边形标注框。

Ctrl+R 组合快捷键：创建矩形标注框。

Ctrl+D 组合快捷键：复制当前多边形标注框。

Ctrl+J 组合快捷键：修改当前多边形标注框。

Ctrl+L 组合快捷键：修改标注框边线的颜色。

Ctrl+Shift+L 组合快捷键：修改标注框填充颜色。

3）操作方法

① 单击"Open Dir"按钮打开需要标注的图像所在的文件夹，打开第一张需要标注的图像。

② 使用 Create Polygons 进行标注。

③ 首尾点合并输入类别名称。

④ 选择所需的标注类别或者输入新的类别，然后单击"OK"按钮。

⑤ 继续标注，直到一张图像的所有目标都标注成功以后，单击"Save"按钮，此时就在标注图像的文件夹下生成一个对应图像名的 JSON 格式的文件，里面保存了标注信息。

⑥ 单击"Next Image"按钮或按 D 键，对下一张图像进行标注。

labelme 操作方法示意图如图 3-20 所示。

图 3-20　labelme 操作方法示意图

3.4.3　支持多种类型的精灵标注助手

精灵标注助手是国内开发的一款客户端标注工具，精灵标注助手支持文本、语音、图像、视频等多种类型的标注，可以实现图像分类、曲线定位、3D 定位、文本分类，文本实体标注、视频跟踪等功能。同时，该软件还提供可扩展性的插件设计，通过插件形式支持自定义标注，可根据具体需求开发不同的数据标注形式，支持在 Windows、iOS、Linux 系统下进行安装，导出格式支持 JSON 文件格式和 PasalVoc 的 XML 文件格式。

1．精灵标注助手的安装

（1）首先进入精灵标注助手官网下载 Windows 版的精灵标注助手安装程序，如图 3-21 所示。

图 3-21　进入官网下载安装包图

（2）双击打开下载的安装包，单击"我接受"按钮开始安装，如图 3-22 所示。

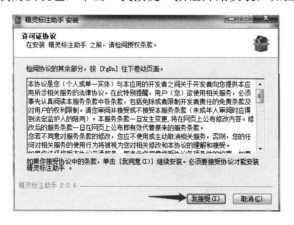

图 3-22　开始安装

（3）选择设置安装路径，单击"安装"按钮，如图 3-23 所示。

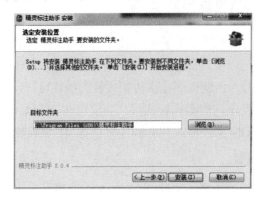

图 3-23　选择安装路径

（4）安装完成，如图 3-24 所示。

图 3-24　安装完成

2．精灵标注助手的使用方法

1）图像标注项目

（1）进入精灵标注助手后，单击左侧第一个"新建"选项，如图 3-25 所示。

图 3-25　"新建"选项

（2）设置项目名称为位置标注项目，选择图片文件夹，输入分类值，如图 3-26 所示。

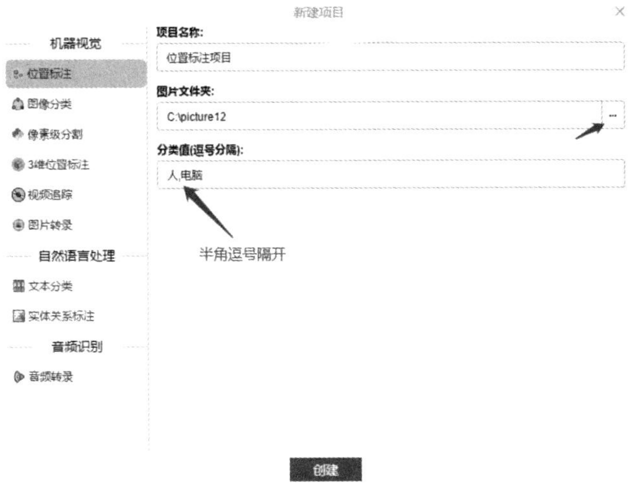

图 3-26　新建项目窗口

（3）在图中画矩形框，并选择分类值，如图 3-27 所示。

图 3-27　图像标注操作示意窗口

（4）所有信息标注完成后，单击"√"按钮即可保存。

（5）单击"保存"左侧的按钮或窗口左下角的"导出"按钮，弹出选择导出格式窗口，如图 3-28 所示，选择 XML 格式，并且选择保存到的文件夹，单击"确定导出"按钮即可。

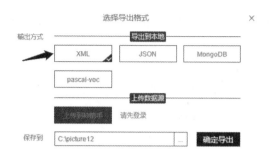

图 3-28　图像标注导出示意窗口

（6）单击后一个按钮即可对下一张图像进行标注。

2）文本、语音、视频类标注项目

文本、语音、视频类标注项目的操作方法与图像类标注项目类似，此处不再赘述。这三类标注新建项目如图 3-29 所示。

图 3-29　其他类标注新建项目窗口

3.4.4　其他标注工具介绍

1．BRAT 文本标注工具

BRAT 是一个基于 Web 的文本标注工具，主要用于对文本的结构化标注，用 BRAT 生成的标注结果能够把无结构化的原始文本结构化，并提供给计算机处理。利用 BRAT 可以方便地获得各项 NLP 任务需要的标注语料。BRAT 可用于标注如下类型信息。

① 实体：命名实体，可用于 NER。

② 关系：实体间关系，可用于关系抽取。

③ 事件：实体参与的事件。

④ 属性：事件或实体的属性，常用于知识图谱。

2．Praat 语音标注工具

Praat 是一款跨平台的多功能语音标注工具，主要用于对数字化的语音信号进行分析、标注、处理及合成等实战，同时生成各种语音数据和文字报表。用户可以对语音数据进行标注，包括音段切分和文字注释，标注的结果还可以独立保存并进行转换。

3．VGG 标注工具

VGG 是一款开源软件，支持在线或离线使用，能标注矩形、圆、椭圆、多边形、点和折线标注，VGG 可以根据标签 ID 自定义不同的标签名称，在遇到复杂难懂的标签名称时，也能轻松搞定。但是标签设置较烦琐，数据导出方面支持 CSV 和 JSON 两种文件格式。

4．Labelbox 在线标注工具

Labelbox 是一款在线标注工具，其界面简洁，但 Labelbox 的基础版本只能进行矩形框和多边形的图像标注。若需要更多标注工具以满足不同的标注场景，则需要在 Labelbox 自定义的标签界面导入 API 接口，并使用 fetch 和 submit 函数与 Labelbox 集成，对于普通数据标注员来讲，学习成本很高。Labelbox 支持 JSON 和 CSV 两种文件格式的导出。

5．LabelHub 协同在线标注工具

LabelHub 是一款协同在线标注系统，解决了现有标注工具存在的很多问题，例如，现有开源或在线标注工具需要安装各种环境、不同版本之间需要不同编译及配置部署等。LabelHub 的 KPI 管理系统能够实时查看项目进度和成员 KPI 等，主账号能够直接添加子成员、质检员，且支持自动分发数据给多个成员同时进行标注，大大提高了数据标注的效率，节省了因管理分发数据集、质检传回数据等消耗的大量时间。并支持一键导出 CSV、XML、JSON 格式的文件，LabelHub 解决了数据管理困难、人员管理困难等问题，非常适合线下团队或初创人工智能公司使用。

6．国内标注平台提供的标注工具

标注平台的主要目标是完成本公司的业务需求，标注平台都有非常实用的标注工具及项目管理系统。标注平台在技术能力和管理能力方面都有较高要求。目前国内最大的数据标注平台为"百度众测"，百度众测起初为百度内部的一些软件、方案等做一些网上调研和一些简单的问题答卷，但随着百度对人工智能的投入，百度众测除了对接百度内部人工智能的订单，同时也面向市面上所有的人工智能公司，百度众测拥有庞大的代理商队伍，交付能力一流，是目前市面上最稳定的数据标注平台。

京东众智平台是京东数科旗下的京东众智的数据标注公司做的平台产品，用户可以在该平台上发布项目，并且寻找平台上入驻的标注团队合作，同时平台提供的标注工具和管理后台都是免费的。京东众智平台的反馈相对较快，其项目更加关注数据安全，它有一整套数据隔离方案，所有的工具和数据都布置在服务器上，人员管理和应答过程都在服务器上。点我科技标注平台是一家数据服务提供商，提供数据的各个方面的服务，包括数据收集、数据标注等。

3.5　常见的数据标注结果文件格式

常用的数据标注工具的数据标注结果导出格式基本上为 CSV、XML、JSON 三种半结构化的文件格式。

3.5.1　CSV 文件格式

CSV（Comma-Separated Values，逗号分隔值）文件格式以纯文本形式存储表格数据（数字和文本），文件的每一行都是一个数据记录。每个记录由一个或多个字段组成，用逗号分隔。分隔符也可以不是逗号，此时称为字符分隔值。

CSV 文件格式如下：

① 每条记录占一行；

② 以逗号为分隔符；

③ 逗号前后的空格会被忽略；

④ 若字段中包含逗号，则该字段必须用双引号括起来；

⑤ 若字段中包含换行符，则该字段必须用双引号括起来；

⑥ 若字段前后包含空格，则该字段必须用双引号括起来；

⑦ 字段中的双引号用两个双引号表示；

⑧ 若字段中包含双引号，则该字段必须用双引号括起来；

⑨ 第一条记录可以是字段名。

CSV 格式的文件可以直接用 Excel 打开，然后使用 Excel 对其进行解析处理即可。Excel 是常用的办公软件，此处不再做详细介绍，本节主要讲述如何用 Python 来简单地读取、解析并处理 CSV 格式的文件，重点讲述 Python 采用列表和字典两种方式来读取 CSV 格式的文件。

1. 使用 Python 以列表方式读取 CSV 格式的文件

首先 Python 自带的 CSV 模块，在使用时要先声明并使用 import csv 语句导入 CSV 模块，然后以只读方式打开 CSV 格式的文件，csvfile = open('bzdata.csv', 'r')，并赋值到变量 csvfile 中，调用 CSV 模块的 reader( )函数将输出结果保存在 mycsvcontent 变量中，再用 for 循环将数据输出。

Python 以列表方式读取 CSV 格式的文件的程序如下。

```
import csv
csvfile = open('bzdata.csv', 'r')
mycsvcontent = csv.reader(csvfile)
for row in mycsvcontent:
print(row)
```

2. 使用 Python 以字典方式读取 CSV 格式的文件

Python 以字典方式读取 CSV 格式的文件的程序如下。

```
import csv
csvfile = open('bzdata.csv', 'r')
mycsvcontent = csv.DictReader(csvfile)
for row in mycsvcontent:
    print(row)
```

3.5.2　XML 文件格式

XML 即可扩展标记语言，是一种允许用户对自己的标记进行定义的语言，可以用来标记数据、定义数据类型。从结构上来看，XML 与 HTML 超文本标记语言类似。XML 可以用来传输和存储数据，也可以用来标记数据、定义数据类型。

1．XML 文件格式

XML 由标签对组成，标签对可以有属性和嵌入子标签，可以嵌入数据，XML 格式的文件是一种树状结构，从根部开始，然后扩展到树枝和树叶。

第一行是 XML 声明，定义 XML 的版本（1.0）和所有使用的编码；第二行是根元素（根节点）；第三行以后是子元素（子节点）。

XML 格式的文件必须包含根元素，该元素是所有其他元素的父元素。

2．XML 格式的文件的语法规则

（1）XML 格式的文件必须有根元素。

（2）XML 格式的文件必须有关闭标签。

（3）XML 格式的文件中的标签对大小写敏感。

（4）XML 格式的文件中的元素必须被正确嵌套。

（5）XML 格式的文件的属性必须加引号。

3．XML 格式的文件的 DOM 结构

为了能以编程的方法操作 XML 格式的文件内容，如添加元素、修改元素的内容、删除元素等，可以将 XML 格式的文件视为一个对象树（DOM 树），文件中的标签都视为一个对象，每个对象都称为一个节点（Node），节点包含元素节点、文本节点、属性节点。每个节点都拥有包含关于节点某些信息的属性。属性指节点名称、节点值和节点类型。通过 DOM 树可以方便地读取和修改元素节点，DOM 树定义了访问和操作 XML 文件格式的标准方法。

4．使用 Python 读取 XML 格式的文件

为了方便查看 XML 格式的文件，可以使用 XMLViewer 工具。其可以帮助用户方便查看 XML 格式的文件内容并检测语法是否正确。常见的 Python 读取、解析并处理 XML 格式的文件有三种方法：一是使用 xml.dom.* 模块；二是使用 xml.sax.* 模块；三是使用 xml.etree.ElementTree 模块，其提供了大量 Python 调用的 API 来处理 XML 格式文件。以 xml.dom.* 模块为例来讲述 Python 如何读取、解析并处理 XML 格式的文件。

XML 源文件如下。

```
<annotation>
    <folder>20200525</folder>
    <filename>20200525103613.jpg</filename>
    <path>C:\20200525\20200410103613.jpg</path>
    <source>
        <database>Unknown</database>
    </source>
    <size>
        <width>1460</width>
        <height>980</height>
        <depth>3</depth>
    </size>
    <segmented>0</segmented>
    <object>
        <name>black_hat</name>
        <pose>Unspecified</pose>
        <truncated>0</truncated>
        <difficult>0</difficult>
        <bndbox>
            <xmin>334</xmin>
            <ymin>422</ymin>
            <xmax>362</xmax>
            <ymax>446</ymax>
        </bndbox>
    </object>
    <object>
        <name>red_hat</name>
        <pose>Unspecified</pose>
        <truncated>0</truncated>
        <difficult>0</difficult>
        <bndbox>
            <xmin>753</xmin>
            <ymin>451</ymin>
            <xmax>774</xmax>
            <ymax>478</ymax>
        </bndbox>
    </object>
    <object>
        <name>light</name>
        <pose>Unspecified</pose>
        <truncated>0</truncated>
        <difficult>0</difficult>
        <bndbox>
```

```
                <xmin>904</xmin>
                <ymin>625</ymin>
                <xmax>1025</xmax>
                <ymax>789</ymax>
            </bndbox>
        </object>
    </annotation>
```

Python 读取、解析并处理 20200525103613.xml 文件的程序如下。

```python
import os
import xml.dom.minidom
import cv2 as cv
ImgPath = 'c:/20200525/'
XmlPath = 'c:/20200525/'
imglist = os.listdir(ImgPath)
for image in imglist:
    image_pre, ext = os.path.splitext(image)
    imgfile = ImgPath + image
    xmlfile = XmlPath + image_pre + '.xml'
    #打开 xml 文档
    DOM1 = xml.dom.minidom.parse(xmlfile)
    #得到文档元素对象
    doc1 = DOM1.documentElement
    #读取图片
    img = cv.imread(imgfile)
    fnamelist = doc1.getElementsByTagName("filename")
    fname = filenamelist[0].childNodes[0].data
    #得到标签名为 object 的信息
    objlist = doc1.getElementsByTagName("object")
    for objects in objlist:
        #object 中得到子标签名为 name 的信息
        namelist = objects.getElementsByTagName('name')
        #得到具体 name 的值
        objectname = namelist[0].childNodes[0].data
        bndbox = objects.getElementsByTagName('bndbox')
        for box in bndbox:
            x0_list = box.getElementsByTagName('xmin')
            x0 = int(x0_list[0].childNodes[0].data)
            y0_list = box.getElementsByTagName('ymin')
            y0 = int(y0_list[0].childNodes[0].data)
            x1_list = box.getElementsByTagName('xmax')
            x1 = int(x1_list[0].childNodes[0].data)
            y1_list = box.getElementsByTagName('ymax')
```

```
y1 = int(y1_list[0].childNodes[0].data)
cv.rectangle(img, (x0, y0), (x1, y1), (255, 255, 255), thickness=2)
cv.imshow('head', img)
```

3.5.3 JSON 文件格式

JSON（JavaScript Object Notation）采用完全独立于语言的文本格式，是一种轻量级的数据交换语言。其可读性、易于机器解析和生成的特点，使 JSON 成为理想的数据交换语言。

1．JSON 格式的文件组成

object 是一个无序的"'名称/值'对"集合。一个对象以"{"开始，以"}"结束。每个"名称"后跟一个":"（冒号），"'名称/值'对"之间使用","分隔。

Array 是值（value）的有序集合。一个数组以"["开始，以"]"结束。值之间使用","分隔。值（value）可以是双引号括起来的字符串（string）、数值（number）、true、false、 null、对象（object）或数组（array）。

2．使用 Python 读取 JSON 格式文件

使用 Python 读取 my.json 文件的内容的程序如下。

```
{
  "shapes": [ # 每个对象的形状
    { # 第一个对象
      "label": "elephant", #标签名称
      "line_color": null,
      "fill_color": null,
      "points": [ # 多边形框由点构成
        [
          96, # 第一个点 x 坐标
          65  # 第一个点 y 坐标
        ],
        ......
        [
          85, # 最后一个点 x 坐标
          59 # 最后一个点 y 坐标
        ]
      ],
    },
    { # 第二个对象
    }
  ],
  "lineColor": [
    0,
    255,
```

```
          0,
          128
        ],
        "fillColor": [
          255,
          0,
          0,
          128
        ],
        "imagePath": "my.jpg", # 图像文件名
        "imageData":   # 原图像数据
      }
```

Python 程序如下：

```
import json
# 将 json 文件读取成字符串
jsonstring = open('C:/my.json').read()
# 对 json 数据解码
dict1 = json.loads(jsonstring)
# dict1 的类型是字典 dict
print(type(dict1))
# 直接打印 dict1
print(dict1)
# 输出字典
for k, v in dict1.items():
print(k + ':' + str(v))
```

3.5.4　数据标注的辅助工具

数据是人工智能赖以发展的基石，拥有高质量的标注数据是人工智能高速发展的保障。数据标注就是使用计算机，按照客户的执行规范对各种各样的原始数据进行标注。

1．数据标注的辅助工具

在数据标注环节中，有很多地方是我们可以去改进的。例如，在进行语音标注时，可以借助科大讯飞的语音转文本工具，先进行简单的识别，然后再进行校对修改；在做 OCR 手写体识别时，也可以借助于 OCR 识别工具。为了提高工作效率，对于其中常用的一些特殊符号，可以编写一些小程序来辅助快速标注。为了避免人为失误造成的数据标注的低级错误，对常见的图形拉框工具，可以使用 Python 编写初检小程序，针对规则进行自动检测，以避免初级错误的发生，提高数据标注质量。

例如，细胞标注如图 3-30 所示。

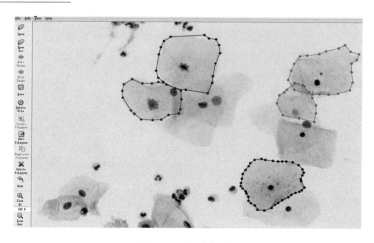

图 3-30　细胞标注

细胞标注规则如下。

① 为每个细胞添加标签：命名标签规则为细胞质标签 Cyto1，Cyto2，……，细胞核标签 Nuc1, Nuc2，……。

② 未完整显示问题：处于图片边缘的细胞体，若显示超过 60%，则正常标注。

③ 叠加问题：叠加的细胞一定要分清每一个细胞的轮廓。

④ 细胞核问题：每个细胞只有一个细胞核，若一个细胞出现多个细胞核，则肯定出现了细胞重叠，此时只标注细胞质里面的细胞核。

该标注要求使用 labelme 工具完成，标注完成后，生成 JSON 格式的标注结果文件。细胞标注需要使用的辅助工具如下。

① 鼠标连点器的使用。打开鼠标连点器，时间设置为 0.2 秒。按下 F8（启动鼠标连点器），控制鼠标移动。如图 3-31 所示。利用这个鼠标连点器可以大大减轻数据标注员单击鼠标的频率，提高标注效率。

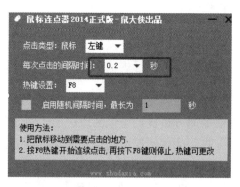

图 3-31　鼠标连点器窗口

② 辅助初检小程序的开发。根据数据标注规则要求，每一个细胞膜（CytoX）要对应一个细胞核（NucX），名称要一致，而且细胞核的坐标不能超过细胞膜的坐标。根据以上数据标注规则的要求，可以使用 Python 小程序读取已标注好的 JSON 格式的文件，分别读取各个标签的名称和坐标，经过判断得到 CytoX 和对应的 NucX 的最小 X、Y 坐标和最大 X、Y 坐

标，从而得出是否漏标，是否细胞核标在了细胞膜的外面的初步标注结，初检小程序可以在一定程度上避免一些人为的失误。

2．正确认知数据标注行业

人工智能是让计算机部分替代人的认知功能。在人工智能领域要教会计算机认识香蕉，需要有一张香蕉的图像，上面标注"香蕉"，然后计算机通过学习了大量的图像中的特征后，再给计算机任意一张香蕉的图像，计算机就能识别出来了。因此在解决人工智能行业的问题时，需要有训练集和测试集的概念。训练集和测试集都是标注过的数据，假设有 3000 张标注"香蕉"的图像，可以将其中的 2900 张作为训练集，100 张作为测试集。计算机从 2900 张香蕉的图像中学习得到一个模型，然后将剩下的 100 张计算机没有见过的图像去让它识别，就能够得到这个模型的准确率。因此"自动标注"是指计算机通过一定算法模型，认识了标注的图像数据。这样就不用再去标注这些图像了。因此需要大量数据标注员从事相关部分的工作以满足人工智能训练数据的需求。但随着今后标注工具的不断优化，数据标注员会在智能化辅助工具的帮助下减少大量重复性的工作，未来单纯依靠人工的纯手工数据标注工作会大大减少，数据标注工作的门槛会提高，需要对大数据、对人工智能领域有着相当程度了解的专业性人才。

习　题

一、选择题

1．在 Windows 系统中，当双击 myfile.docx 文件时，下面说法正确的是（　　　）。

A）直接在 notepad 下打开 myfile.docx 文件

B）直接在记事本下打开 myfile.docx 文件

C）直接在 Word 下打开 myfile.docx 文件

D）弹出选择打开方式对话框

2．下面（　　）是常见的数据标注结果文件后缀名。

A）.mov　　　　　　　　　　　B）.xml

C）.avi　　　　　　　　　　　D）.jpg

3．CSV 格式的文件是以（　　　）为分隔符的。

A）逗号　　　　　　　　　　　B）句号

C）单引号　　　　　　　　　　D）双引号

4．下面说法错误的是（　　　）。

A）文本文件是按字符编码方式来存储文件的

B）二进制文件是按二进制的编码方式来存储文件的

C）数据是以二进制编码方式存储在计算机文件中的

D）计算机只能识别文本文件

5．FLV 格式是（　　　）的常见后缀名。

A）语音文件　　　　　　　　　B）视频文件

C）文本文件   D）图像文件

6．下面数据标注描述正确的是（　　　）。

A）所有的数据标注都可以使用脚本语言自动标注

B）可以通过算法来实现数据的自动标注

C）OCR 手写转录完全可以通过识别工具实现自动转录

D）数据标注是个重复性很强的工作

7．下面对 CSV 格式的文件叙述不正确的是（　　　）。

A）每条记录占一行

B）若字段中包含逗号，则该字段必须用双引号括起来

C）以逗号或空格为分隔符

D）若字段中包含双引号，则该字段必须用双引号括起来

8．下面对 JSON 文档叙述不正确的是（　　　）。

A）object 是一个无序的"'名称'值'对"集合

B）一个对象以"["开始，以"]"结束

C）每个"名称"后跟一个"："（冒号）

D）"'名称/值'对"之间使用"，"分隔

9．下面（　　　）标注工具的结果文件同时支持 CSV、XML、JSON 三个格式的文件。

A）VIA   B）labelbox

C）LabelHUB   D）labelme

10．一段时长为 1 分钟，分辨率为 640×480 的录像（30 帧/分，真彩色），未经压缩时的大小为（　　　）。

A）15.4GB   B）154MB

C）1.54MB   D）1.54GB

二、填空题

1．数据以_____的形式存储在计算机中。

2．通常数据标注的类型包括：_____、_____、_____、_____四种类型。

3．NLP 是英文 Natural Language Processing 的缩写，字面意思是_____。

4．数据标注就是按照客户的执行规范把各种各样的原始数据进行标注，是个_____很强的工作。

5．JSON 采用完全独立于语言的文本格式，是一种理想的数据_____语言。

三、简答题

1．简述 XML 文件格式的语法规则。

2．简述 JSON 文件格式的组成。

3．谈一下你对自动标注的认识。

第4章　数据标注员的职业素养

本章从一个数据标注团队如何正常运行、培养新人、严格把关（质检）入手，系统地介绍数据标注团队的管理规范、数据标注规则及质检环节，最后介绍合格的数据标注员应该具备的职业素养以及如何对数据标注员职业素养进行训练。

4.1　数据标注团队的管理

随着我国人工智能的快速发展，国内标注数据的缺口越来越大，现有的数据集已经无法满足行业需求，这就需要投入更多的力量来进行数据集的研制和开发，包括用于研发的公开训练集、用于监管的标准测试集和第三方测评数据集等。大多数初创型数据标注团队在发展初期，若雇佣大量的数据标注员进行数据标注，则会面临以下两个挑战：①如何管理大量的数据标注员，团队的管理方面是一个巨大的挑战；②大量的数据标注员的薪酬对于初创型数据标注团队也是一个不小的挑战。所以，数据集的质量管理需要建立统一的标准和规范，指导参与数据集建设的各方力量共同提高数据质量，化解风险，最终保障产品的有效性与安全性。

4.1.1　数据标注团队的基础架构

根据目前对数据标注市场的统计，数据标注团队有初创型的工作室、成熟型的数据标注公司、综合型的数据标注团队几种类型，下面针对每一种类型的团队进行简单的优势和劣势分析。

1）初创型的工作室

初创型的工作室一般指个人创业成立的 10 人左右的团队。初创型的工作室的核心创始人一般是数据标注公司的核心技术人员，他们对数据标注的结果有清晰的需求认知，能够清楚严谨地表述出数据标注的规则，数据标注需求方与初创型的工作室在沟通上比较简单，能够快速地直入主题，迅速建立供需关系，省去冗长的上报、各级批复等环节。初创型的工作室架构相对简单，对于数据标注完成后的结款时间相对也较短。但是初创型的工作室没有稳定的需求方，团队在同一时期对接的甲方数量是不一定的，这就导致了在数据的需求连贯性上并不是很强。初创型的工作室更多时候是以小批量数据进行产品展示的，初创型的工作室更要考虑项目的成功率和数据标注成本之间的关系。

2）成熟型的数据标注公司

成熟型的数据标注公司指已经形成一定规模的人工智能企业，同时拥有自己的数据标注团队。成熟型的数据标注公司有成熟的产品和合作对象，其在产品迭代和研发关联产品时需要大量标注数据作为模型进行训练，对数据的需求连贯性要求较高。同时，成熟型的数据标注公司在业界的影响力较大，与新的数据标注需求方进行合作时的成单率也要远高于初创型的工作室。成熟型的数据标注公司需要综合保密、质量、工期等多方面因素，且由于其已经与数据标注需求方建立了正式的合作关系，因此成熟型的数据标注公司提供的数据标注单价上要略高于初创型的工作室。但由于成熟型的数据标注公司结构相对复杂，其对于支出资金的流程比较谨慎，导致合同内的结款周期远远高于初创型的工作室。此外，一般一个项目的启动流程是算法团队将需求提供给项目经理，项目经理联系数据标注公司进行试标，数据标注公司试标完成后进行反馈，项目经理检查并反馈给算法团队，这需要大量的时间进行沟通和验证。同时项目启动时的流程也相对复杂，不仅需要算法团队确认需求，还需要财务确认支付方式，需要法务进行合同审核，需要项目主管领导批准，这些都会使沟通成本大大增加。

3）综合型的数据标注团队

综合型的数据标注团队能够承接较高层次的数据标注任务，一般都拥有内部的科技研发团队和成熟的数据标注队伍，此类公司都会有自身的数据标注平台，主要目标是完成本公司的业务需求。综合型的数据标注团队的主要特点是已经形成了相对完善的供应商体系，对供应商的能力掌握精准且相关流程较为完善，自身也有非常实用的数据标注工具及项目管理系统。综合型的数据标注团队在技术能力、管理能力等方面比一般的数据标注公司要高得多。其在不同类型、不同需求的数据标注项目学习适应能力以及按时交付、相关管控能力方面比一般的数据标注公司也都相对高很多。

综上所述，最基础的数据标注团队至少有数据标注员、质检员、项目负责人三个岗位角色。每个岗位角色的评判标准或岗位职责如下。

（1）数据标注员。

数据标注员是数据标注团队的基石，拥有一批成熟的数据标注员可以让数据标注团队事半功倍。

评判一个数据标注员是否合格有以下几个衡量标准。

首先，数据标注的终端是人工智能，最终的标注数据是为计算机服务的，所以越精细的标注数据对训练算法越高效，这就要求数据标注员一定要是一个细心认真的人。态度决定一切，越细心、越认真，标注数据的精细度就越有保证。

其次，需要标注的数据的场景是千变万化的，会有各种复杂的场景出现，这就要求数据标注员要有较强的观察能力。观察能力越强，标注出的物体轮廓也就与物品的真实轮廓越相近，标注的数据也就越准确。

最后，数据标注在单一的场景中需要重复一个或者几个动作，这种重复的劳动相对比较枯燥，这就要求数据标注员需要有耐心。数据标注员越有耐心，标注数据的稳定性就越有保证。

（2）质检员。

质检员一般都是从优秀的数据标注员中挑选出来的。因为数据标注是一个熟能生巧的职业，一个数据标注员接触过的标注对象越多，那么就越有可能熟练掌握各类型项目规则，把质检的任务做好。同时在质检的过程中也会发现问题，把总结出来的经验传达给其他数据标注员，从而提高数据标注质量和效率。

（3）项目负责人。

项目负责人主要就是对团队的各个成员（包括数据标注员和质检员）进行管理和培训，负责组建和培养一批优秀的标注队伍。项目负责人需要具备一定的人工智能基础，能够与需求方进行任务对接，把握需求方需求，节约沟通时间，避免导致数据标注员重复返工的情况。

标注团队由项目负责人、质检员和数据标注员构成，三者之间相互促进，在数据标注过程中分别发挥着重要作用。

4.1.2　数据标注团队的培训体系

目前，国内有比较完整的数据标注培训体系的团队比较少，较为成熟的公司有百度、京东众智和点我科技。京东众智建立了一套完整的数据标注培训体系，会根据不同的数据需求，量身定做不同的模板来完成精准的数据标注。完整的数据标注培训体系通过三个维度对数据标注员进行培养。

（1）建立严格的培训流程，包括了解目标—学习规则—线上培训、录像学习—实际场景练习—达标考试—进行工作—纠错讲解、改错等。

（2）有完善的职称等级制度，分为素材收集员、专家、高级专家、讲师。

（3）设立激励制度，数据标注员的收益和职称等级相关。

京东众智表示通过这套数据标注培训体系的学习和训练，普通人可以快速成为数据标注员。但是数据标注公司在对数据标注员和质检员进行实际培训时，往往需要花费一些精力。根据数据标注规则的改进不断进行培训，提高数据标注员的标注能力，从而提高数据标注的正确率。

在国内推动数据标注行业职业化方面，郑州点我科技有限公司有多年的行业经验，在大数据处理领域有丰富的实践阅历，拥有成熟的技术能力和一套完善的业务培训系统，并一直践行企业责任，努力推进行业向职业化、专业化发展。郑州点我科技有限公司把数据标注员划分为初、中、高级 3 个等级，并已启动关于数据标注员的资格认证。针对数据标注员的培训及质检员的培训制定了详细的培训方案，下面详细介绍郑州点我科技有限公司关于初、中、高级数据标注员需要掌握的业务技能，以及数据标注员和质检员的培训方案。

1．数据标注员技能划分

1）初级数据标注员

初级数据标注员需要具备一定的职业道德，数据标注员需要接触大量数据，有些可能涉及公民信息等较为敏感的数据。这就需要数据标注员对所处理数据做到保密，不外传，对工作中涉及的技术标准严格执行，保护数据的完整性和一致性等。

初级数据标注员的行业基础知识要求：具备简单的人工智能相关知识、大数据处理相关知识，熟悉数据标注的使用范围及形式。

初级数据标注员的基础业务能力要求：数据标注类型比较多样，包括 2D 图像标注、文字标注、图像采集、语音标注等，需要数据标注员熟悉标注类型并且可以熟练掌握各种数据标注工具。

2）中级数据标注员

中级数据标注员需要具备较高的职业道德和一定的从业经验，并有半年以上相关从业经历。

中级数据标注员的业务能力和责任心要求：除了一些初级数据标注员需要做的数据标注类型，中级数据标注员需要掌握更为复杂的数据标注类型，如 3D 立体标注、3D 点云标注、视频轨迹、语义分割等，同时中级数据标注员需要具备一定的责任心，降低返工率。

中级数据标注员的质检能力要求：中级数据标注员经过一定阶段培训考取资格证，不仅可以做一些更加专业的数据标注，还可以对初级质检员标注数据进行简单的质检。

3）高级数据标注员

高级数据标注员的管理能力方面要求：需要达到对中级数据标注员的所有要求，并有一年以上相关从业经历，可以对数据标注团队进行管理，总结数据标注经验并对数据标注员进行培训。

高级数据标注员对数据标注各项流程要求：业务能力要求较高，所有类型数据标注准确率 98% 以上，并具备一定的质检审核能力，对所有业务高度熟练，能独立完成各类业务的示范模板和操作培训。

2．数据标注员质量提升计划

根据数据标注员不同等级的划分和各方面能力的要求，可针对性地制定数据标注员质量提升计划，如表 4-1 所示。

表 4-1　数据标注员质量提升计划

标注经验	质量提升计划	周期
零基础	半天：培训员对其进行基础规范教学培训	一周培训期
	半天：数据标注 50s 后进行临时保存，培训员进入指导，学会基础数据标注规范	
	一天：数据标注完成 1 条，马上进行质检，合格后才能继续	
	三天：数据标注完成 3 条，重点跟进质检，强化培训一次	
	有 3 条数据标注合格并经过检验后可以量产	
2 周以上	半天：强化基础数据标注规范，查漏补缺	一天巩固
	半天：数据标注过程问题总结指导；质检一条其他人的数据，临时保存，培训员进入指导，能力巩固	
	两天：效能跟踪	
1 个月以上	半天：数据标注过程问题总结指导；质量还未达良好的，质检 3 条其他人的数据，逐条临时保存与指导	半天强化
	两天：效能跟踪	
2 个月以上	半天：作为主讲师对新人做基础规范教学培训，由三个月以上员工助教指导	半天讲师训练
	一天：效能跟踪	
3 个月以上	半天：可提拔为质检员的，由验收员进行质检技巧提升培训；对未提拔为质检员的，分析原因	半天技巧提升
	一天：效能跟踪	

3．质检员质量提升计划

依照质检员各方面能力的要求，可针对性地制定质检员质量提升计划，如表 4-2 所示。

表 4-2　质检员质量提升计划

质检经验	质量保证计划	周期
零基础	半天：质检完成一条数据，不要提交，临时保存	2 天试质检期
	半天：培训员进入查验一遍，指出问题	
	一天：质检 3 条数据，逐条临时保存，培训员逐条跟进	
	有 3 条数据经过质检后可以量产	
2 周以上	半天：质检过程问题总结指导，能力巩固	半天巩固
	半天：质检验收通过比跟踪，质检效能跟踪	
1 个月以上	半天：新数据标注员导师	半天数据标注导师
	半天：质检验收通过比跟踪，质检效能跟踪	
2 个月以上	半天：新质检员导师，验收员进行质检技巧强化提升	半天技巧提升
	半天：质检验收通过比跟踪，质检效能跟踪	
3 个月以上	半天：公司对其进行准项目经理考核	晋升激励
	半天：质检验收通过比跟踪，质检效能跟踪	

4.1.3　数据标注团队的管理

数据标注员是数据标注团队的核心，按照数据处理对象的不同，数据标注员的工作内容可以分为分类、框选、注释、标记。按照所处公司的不同，数据标注员的工作方式也会有差别。

规模较大的人工智能公司针对数据安全性问题会考虑自建数据标注团队，在这些公司工作的数据标注员的工作内容不会出现太大的变动；但一些服务于人工智能公司的非专业外包团队的数据标注员的工作则是项目制的，一个项目忙完紧接着做另一个项目，工作内容的连续性较差，对一种类型的项目经验也不会积累太多。

目前，人工智能技术还处于发展阶段，算法依然需要大量的数据进行训练和测试。数据标注员会一直存在，而且从业群体会越来越多，就业前景发展潜力巨大。建议数据标注员首先选择人工智能公司和专业的数据标注公司，这样可以保证在一个专业方向上了解得足够深入。数据标注员得一般晋升渠道是数据标注员—管理员（项目组长）—项目经理—项目总监—数据运营总监。

1．数据质量管理体系

数据管理包括数据集存储、分发、使用、扩容、更新、删减等活动。数据管理的质量风险体现在数据流转的方方面面，如数据泄露、数据误修改、数据误删除、数据误增加等。数据管理的质量风险与网络安全、隐私保护方面的法规和数据集的重复性都有关系。

数据质量管理体系需要明确的组织机构，实行专人负责，各司其职。一般来说，应当有扮演如下角色的人员：

（1）负责领导、监督和维护整个数据质量管理体系的管理者代表；

（2）负责在技术层面具体设计规则和流程、参与开发、评估和改进数据集质量的研究者；

（3）负责提供数据标注参考标准、控制数据标注质量的数据标注员；

（4）负责对数据质量管理体系进行内部审查、对数据质量问题开展纠正和预防措施的审查员；

（5）负责在数据入库前进行确认。

2．数据标注团队管理的作用

对数据标注进行管理，可以使数据标注流程更为规范化，降低错误率和返工率。数据标注行业是新兴行业，在初期需要建立一套规范化流程体系，对整个行业的发展都有促进作用。数据标注团队管理有以下几个作用。

1）规则化管理有利于企业效率的提升

规则是透明而公开的，在规则化管理下，数据标注公司要达到每一件事情都是程序化和标准化的，这样做有利于数据标注员和质检员迅速掌握自己需要的工作技能，有利于数据标注员与质检员之间、数据标注部门与质检部门之间、项目经理与需求方之间进行有效的沟通，从而使企业内部和外部之间的工作失误降到最低。

2）制度化管理有利于人才的培养

规范的制度能够体现数据标注公司管理的合理性，对数据标注员和质检员按照数据标注规则进行培训，能够培养出一批成熟的人才队伍。并且大家各司其职，明白自己在数据标注过程中的角色和作用，认真对待数据标注工作。

3）规范化管理有助于数据的保密

国家的数据、个人信息等数据的敏感性太高，数据标注公司拿到标注数据后进行分配标注，但是一旦数据泄露很容易造成不良影响。因此数据标注公司要严格实行保密制度，数据标注员和质检员要遵守职业操守，避免数据信息的泄露。

4.2 数据标注规则的重要性

本节主要介绍数据标注质量的衡量尺——数据标注规则。聊天软件中有语音转文本的功能是由算法实现的，算法为什么能够识别这些语音？算法是如何变得如此智能的？其实算法就像人的大脑一样，它需要进行学习才能够对特定数据进行处理和反馈。而数据标注员标注的数据就是帮助机器进行学习的。数据标注员经过培训后，通过数据标注规则对海量数据进行标注。在数据标注行业，判断数据标注的质量主要体现在两个方面：一是标注数量，二是标注内容质量。数据标注员如何完成高质量的数据标注？这就需要数据标注规则来进行判定和辅助。

4.2.1 数据标注规则

数据标注规则是指为了完成数据标注项目，满足需求公司要求，根据项目类型的不同而制定的供数据标注员共同遵守的规则。

目前数据标注有 3 种常用的分类方法：

（1）根据数据标注对象不同，数据标注可分为文本标注、语音标注、图像标注和视频标注；

（2）根据数据标注的构成形式不同，数据标注可分为结构化标注、非结构化标注和半结构化标注；

（3）根据数据标注者类型不同，数据标注可分为人工标注和机器标注。

在实际工作中，常按照数据标注对象不同对数据标注进行分类。每一种数据标注对象根据应用场景的不同，又可以分为多种类型的子标注或标注方式。例如，语音标注又可划分为会议类语音标注、网络直播平台类语音标注、方言类语音标注、法庭类语音标注、日常对话类语音标注等。其中大多语音标注的内容是分割转写和添加属性，主要应用于情景对话和人物对话等。而文本标注中需要对文本内容进行文字识别和标注，目前主要应用于客服、舆情、医疗、教育行业。图像标注又可以划分为 2D（如点标注、边框标注、线标注等）标注、3D（如 3D 点云、3D 边框等）标注。多数情况下视频标注依然是转换为一帧一帧的图像后再进行标注的。

大量的同种类型的数据就组成了某个特定的数据集。目前，业内对于数据集的需求旺盛，随着标注数据用途的不断增加，对数据集在种类、数据格式、数据标注细节、规模等方面的要求也越来越复杂，缺口很大，需要高素质的数据标注员来进行大量数据标注工作。所以数据标注员要熟练掌握各种类型的数据标注规则和数据标注工具，能够根据项目类型来判断需要使用哪一种方法。

4.2.2　数据标注规则的特点

除阿里巴巴、京东等大型公司或有些对数据安全要求比较严格的项目会自己组建数据标注团队，一般数据标注项目都借助于众包平台，众包平台上有需求公司、数据标注团队和数据标注员。一个数据标注规则的完善，数据标注员、数据标注团队、需求公司三方缺一不可，三方共同合作完善数据标注规则。在这个过程中，数据标注员是数据标注规则的执行者；数据标注团队是桥梁，连接需求公司和数据标注员，是数据标注规则的承接者；需求公司是数据标注规则的制定者，三方对于数据标注规则的完善作用是不一样的。需求公司在发布数据标注规则要求时，需要与数据标注公司讲明需求，数据标注公司需要根据数据标注规则来对数据标注员进行培训，数据标注员根据培训内容，结合数据标注规则要求对数据进行标注，三方沟通明确才能保证数据标注规则进行完整的实施。需求公司需要向数据标注公司明确表达自己的需求，并给出明确的数据标注规则；数据标注团队需要充分理解需求公司的各项标注数据需求，并能准确地将需求方的数据标注规则传达给数据标注员；对于数据标注员来说，理解数据标注规则是其提高数据标注能力和水平的重要准则。下面详细说明数据标注规则完善过程中的各项要求。

1．数据标注规则需要一致

数据标注规则的一致性是数据标注的必要条件。数据标注规则可以复杂，但只能有一个。数据标注规则可以演进，只要保证一致性，向前向后兼容就容易保障。需求公司根据需求提供完整的数据标注规则，保证数据标注员可以在数据标注过程中边界清晰。一份清晰明确的数据标注规则，可以让数据标注公司将数据标注任务划分为流水线，让每个数据标注员只负责一件事，提高工作效率的同时也让数据标注流程得到更精细的控制。如图 4-1 所示是语音标注平台的界面。

图 4-1 语音标注平台的界面

语音数据标注规则规定有效的语音需要满足：① 必须是人发出的有效声音；② 音频中语气词要转写；③ 前后截音需要严丝合缝，切记漏音多截；④ 要根据语义转写正确的词语等。数据标注员根据以上语音数据标注规则进行标注。但是实际语音数据标注过程中可能会出现漏标、多标、错字等情况，如图 4-2 和图 4-3 所示。

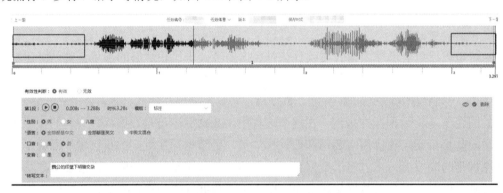

图 4-2 语音数据标注出现漏标

图 4-3 语音数据标注出现多标

在实际语音数据标注过程中，数据标注员要严格按照提供的数据标注规则来进行标注。对于一些比较简单的语音数据标注项目，数据标注规则会相对简单，只需要严格遵守就可以完成任务。在数据标注过程中，数据标注员若不理解数据标注规则，则可能会出现数据标注不准确的情况，导致返工率大大提高，这些不仅浪费数据标注员的时间，也会增加质检员工作量。因此，在数据标注过程中，数据标注员一定要仔细并且有耐心，开始进行数据标注前要深刻理解数据标注要求并且熟练掌握数据标注规则。

2．数据标注规则需要完善

需求方对某项产品研发时设定了一个大致的数据标注规则，数据标注团队和数据标注员在数据标注过程中遇到问题需要反馈给需求方，侧面辅助需求方不断完善数据标注规则。数据标注规则不断进行完善和细化对数据标注生产的效率也有很大的影响，提前对数据标注规则进行细化，运用在实际数据标注过程中，可以提高数据标注质量。例如，有些项目场景复杂且主观判断元素多，数据标注员对于场景的判断非常有限，只能是对数据先进行标注，然后不断地发现问题，改进数据标注规则并解决问题，最终达到预期结果。在完善数据标注规则时需要遵循需求方优先原则和质检优先规则。

1）需求方优先原则

数据标注员可以根据数据标注规则对大部分场景进行清晰地标注，但是在实际的数据标注过程中可能出现数据标注规则不适用的情况。此时，应该遵循需求方优先原则，即需要按需求方的要求来进行数据标注。例如，语音数据标注规则指出数据标注员需要根据音频将人正常发出的声音标注出来，但是有些音频只能听清部分内容或者部分词语模糊，需求方不需要数据标注员猜测词语强行标注，可直接按无效处理。以下是语音数据标注的原规则内容和补充规则内容。

（1）语音数据标注原规则内容。

语音数据标注原规则内容主要是对音频进行有效性判定。若判定音频是有效的，则进行后续数据标注。

音频无效的判别标准有以下几点：

① 无法听清音频中的内容（无论是部分还是全部）；

② 音频含有与普通话差异较大的方言，如粤语、上海话、闽南语等；

③ 音频中出现了除中文、英文之外的语言；

④ 音频中无人声；

⑤ 音频中全部都是歌曲、电视声音等；

⑥ 背景人音量大于主说话人音量的 1/4；

⑦ 多人说话无法分清主次，声音有重叠；

⑧ 音频中内容仅有一个汉字或一个英文单词；

⑨ 音频中内容仅有一些语气词。

若音频判定是有效的，则进行分段标注。分段标注的标准是两个语音段中间无发音时长大于等于 1 秒。在进行分段标注时，应注意以下几点：

① 标注文本：标注语音对应的文本；

② 发音人的性别：判断发音人的性别以及判断发音人是否为儿童；

③ 语言：判断语言为中文、英文或者中英文都有；

④ 是否有口音：判断发音人的发音是否有口音；

⑤ 是否有变音：判断发音人是正常声音还是变音；

⑥ 发音边界：按照规定标记处发音的起点和终点（以毫秒为单位）。

（2）语音数据标注补充规则内容。

① 质检为无效、听不清的音频。这是指其中有一部分音频，质检员无法确认内容。当此部分占比不大时，数据标注员可根据实际情况进行标注，质检统计时暂定为"通过"。当此部分占比较大时，需要进行限制。

② 语气词部分。质检员后续进行规范，此部分按照制定的数据标注规范继续执行。

③ 发声人笑声或哭声部分。若是单独隔离为一段时间区域，即单个时间区域内仅是这种声音，则标注为无效；若是单个时间区域内，有正常声音的同时夹杂着发声人的笑声或哭声，则用拟声词按照发音个数进行标注。

④ 歌曲部分。若单个时间区域内全是歌曲，则标注为无效；若歌曲只是作为背景音乐，也不用对歌曲的歌词进行标注时，则作为背景音乐的歌曲不需要截取到有效时间区域内。

无论是清唱还是录音的歌曲，歌曲出现的部分都应该视为无效或忽略。假设一个人前面在说话，到末尾的时候有清唱部分，那应该正常标注前面说话部分的内容，后面清唱部分视为无效。若清唱部分出现在中间，则视为背景噪声忽略即可。

从语音数据标注原规则内容和补充规则内容的对比可以看出，用户的需求在不断变化，只有积累大量的数据才能不断修正和完善数据标注规则。需要特别注意的是，当需求方更改数据标注规则后，数据标注员一定要按照最新的数据标注规则来进行标注，否则可能导致标注内容与需求方的要求不匹配，导致返工率增加，浪费大量时间。

2）质检优先规则

数据标注员前期花费了巨大的精力对相关数据进行标注，然后质检员花费基本相同的时间进行检验。在一些数据标注要素比较多的项目中，若数据标注员没有按照数据标注规则进行标注，或者出现少标或漏标的情况，则会对质检员造成很大的工作负担。例如，在人体拉框项目标注中，需求方要求对所有人都进行严格贴边拉框。但是实际标注过程中，很容易出现漏标情况，如图 4-4 所示。

人体拉框项目中需要标注的元素比较多，一旦出现漏标、多标或标签错误等情况，质检员在检查过程中任务难度会成倍增加。不断地进行返工和质检会浪费很多时间，也会导致项目标注成本增加。当然一些特殊情况也需要考虑，如对一些合乎规则的小错误，质检员可以不驳回数据，直接修改或者通过即可。例如，在对语音进行标注时，对于音频中出现的声音"fushou"，数据标注员认为的发音是"俯首"，质检员认为的发音是"扶手"，如果根据词语的上下文语境无法判断，同音不同字也是可以适当通过的。一般情况下以质检员的判断为主，可以对标注的数据进行驳回或通过。例如，在试管标注项目中由于角度问题，数据标注员进行拉框并没有严丝合缝，这种情况下质检员可以根据自己的判断，进行适当质检，某试管标注图如图 4-5 所示。

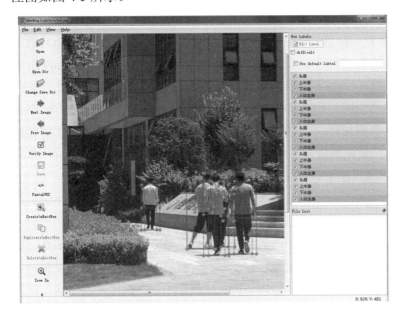

图 4-4　人体拉框项目标注

图 4-5　某试管标注图

4.2.3　数据标注规则需要双方沟通

　　良好的沟通是数据标注行业中最重要的一环。在数据标注工作中，一个人很难完成整个项目，数据标注员需要与质检员、需求方进行交流合作，才能够顺利完成项目。信息的采集、传递、整理和交换都是沟通的过程。通过沟通解决数据标注过程中遇到的问题，数据标注工作才能得以顺利开展。掌握低成本的沟通技巧、了解如何有效地传递信息能提高工作效率，而积极地获取信息更会提高自身的竞争优势。优秀的数据标注员可以一直保持注意力，善于总结经验并找出所关注的重要信息。

　　数据标注团队和需求方也需要经常沟通，积极沟通可以省去重复、返工等低效行为。相反地，低效的沟通会增加数据标注团队在标注的各个环节上的成本。这就要求需求方和数据标注团队相互配合，一方面需要数据标注团队快速反馈问题，根据数据标注员反馈的问题及时总结，向需求方进行反馈，并且可以根据需求方的回馈内容，对数据标注员进行再培训教育，降低出错率；另一方面，需求方根据数据标注团队上报的内容进行回应，由专门负责人对此项目进行对接，可以大大缩短完成项目数据标注任务的时间。

4.2.4　数据标注规则需要数据标注员不断学习

　　人工智能时代的到来让人们对模型充满无限遐想，那么如何给冷冰冰的模型赋予鲜活的"生命"呢？这就需要我们从基础工作做起。数据标注对人工智能的发展有着重要作用。数据标注员的工作就是帮助机器进行更好地学习，促进人工智能行业的发展。深度学习算法的效果与数据规模、数据质量等有很大的关系，算法容量越大意味着算法能表示更复杂的关系，但同时也需要更多的数据。而数据质量更是直接影响算法效果，高质量的数据是提升算法效果的重要一环。大量的数据需要数据标注员和质检员进行加工和整理。

不同的数据标注项目对数据标注员的要求也不一样，对于一些数据标注规则简单且数据体量比较大的数据标注项目，数据标注员只需要掌握数据标注规则，按照数据标注规则对数据进行标注即可。但是对于一些需要专业背景的数据标注项目，例如，在进行医疗数据标注时，数据标注员需要做医疗图像的分割，把肿瘤区域标注出来，这样的工作就需要专业的医生才能完成。数据标注项目的类型有很多，有难有易，但是只要掌握好数据标注规则，不断进行学习，就无惧挑战。因此无论对数据标注员还是质检员来讲，掌握好数据标注规则才是核心。

数据标注规则有很多，数据标注员不仅需要理解贯通，还需要牢记心中。快速掌握数据标注规则是数据标注员所应具备的一项重要技能，理解数据标注规则的内容可以更好、更方便地提高数据标注效率，完成高质量、高水平的数据标注工作。数据标注规则也并不是一成不变的，数据标注员需要根据需求方的要求进行相应的修改。理解数据标注规则可以帮助数据标注团队降低成本，提高数据标注员的工作效率。因此"规则不明，返工常态"这句话充分说明了数据标注规则的重要性。无论是对数据标注员还是需求方，一个清晰准确规范化的数据标注规则是很重要的，数据标注也坚持"质量为先，规则为王"。在大数据和人工智能时代，低质量的数据标注可能导致算法运行时出现致命问题。例如，2018 年美国特斯拉公司的自动驾驶汽车发生事故就是因为系统误将前方车辆的蓝色车身识别为蓝天，而原因可能就是没有做好数据标注。数据标注的质量与数据标注员息息相关，数据标注员在掌握好数据标注规则的同时也要耐得住寂寞，经得起考验。

4.3 数据标注的质检

4.3.1 数据标注质检的重要性

当数据标注员完成数据标注后，一般对于数据标注质量有三重质检，第一重质检由数据标注员在数据标注完成后自行质检；第二重质检由质检员对完成标注的数据进行 100%质检；第三重质检由项目负责人对质检完成的数据进行抽样审核。数据标注团队需要建立一套质量达标体系，在严谨的工作流程中完成数据标注，并且由高水平的专业人员进行进度的把控和质量的审核与跟踪，严格保证数据标注工作的效率与准确率，数据标注质检流程如图 4-6 所示。掌握数据标注规则对于数据标注员来说是一项基本技能，根据数据标注规则对标注的数据进行质检是质检员的灵魂。一个合格的质检员需要对各种类型的数据标注项目规则熟记于心，并且能够发现数据标注的错误，帮助数据标注员及时纠正错误。

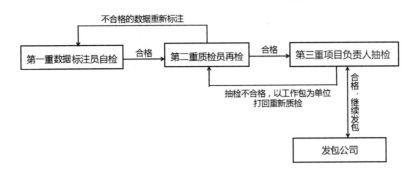

图 4-6　数据标注质检流程

由于一些数据标注团队提交的标注数据质量参差不齐，无法直接运用到深度学习算法中。在数据标注行业，质检是一个非常重要的环节。每一个数据标注项目都会经历数据标注培训、项目试标、正式标注、人工质检、交叉抽检五个不同的阶段才会交付到用户手中。

需要指出的是，在人工质检阶段，要求质检员对每一条数据做到逐一质检，不放过任何一条数据。而在交叉抽检阶段，任何一条数据不匹配都会进行重新标注提交。质检员的作用主要是提高数据标注质量和合格率及评判数据标注员的能力。

1）提高数据标注质量的合格率

当数据标注员完成任务之后，质检员会对标注数据进行全面检测，若数据标注员严格遵守数据标注规则，则质检员的工作量就会大大缩减，返工率也会降低。当然，质检员也要按照数据标注规则进行质检。只有进行严格标准的质检，才能保证标注数据质量，满足数据标注团队和需求方的要求。

2）评判数据标注员的能力

现阶段的数据标注主要依靠人力来完成，巨大的数据标注量会给数据标注员带来很大的压力。尤其是复杂的数据标注任务，具有合格率低、时间跨度大的特点，要求数据标注员有强大的心理承受能力。数据标注员完成工作后，需要一套评判体系去检验数据标注员的工作能力。质检员则需要根据数据标注规则对大量完成标注的数据进行认真检查，并对各个数据标注员的出错率进行记录，用以督促数据标注员认真完成数据标注任务。

4.3.2　常用的数据标注标准分类

常见的数据标注类型包括文本标注、语音标注、图像标注、视频标注等。针对每种不同类型的数据标注项目，数据标注的基本形式有标注画框、3D 画框、文本转录、图像打点、目标物体轮廓线等。目前数据标注项目以文本标注、语音标注、图像标注为主。常用的数据标注标准有以下几种。

1. 图像标注的质量标准

图像标注的质量好坏取决于像素点的判定准确性。数据标注像素点越接近被标注物体的边缘像素点，图像标注的质量就越高，标注的难度也越大。图 4-7 是一个图像标注样例，要求的图像标注准确率为 100%，标注像素点与被标注物体的边缘像素点的误差应在 1 个像素以内。

图 4-7　图像标注样例

2. 语音标注的质量标准

在进行语音标注时，语音数据的发音时间轴与标注区域的音标需保持同步。标注于发音时间轴的误差要控制在 1 个语音帧以内。若误差大于 1 个语音帧，则很容易标注到下一个发音，造成噪声数据，如图 4-8 所示，一个语音帧指的是一个音频截取框，时长为 0.02s。

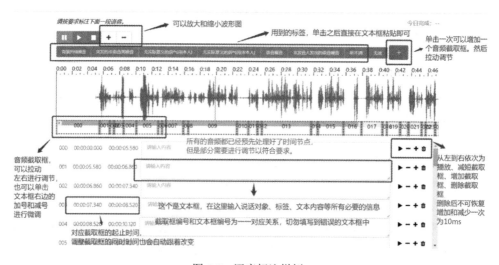

图 4-8　语音标注样例

3. 文本标注的质量标准

文本标注涉及的任务较多，不同任务的质量标准不同。如图 4-9 所示，先标注一级"餐饮美食"，再标注二级"餐馆"。关键词标注支持正在打分的关键词在文档中高亮和增加候选中没有的关键词功能，如图 4-10 所示。

图 4-9　文本标注样例

广告标题：长斑的女人请务必花3分钟认真看完，教你如何对付斑点！

3	○3	○2	○1	○0
教你	○3	○2	○1	○0
教你如何	○3	○2	○1	○0
斑点	●3	○2	○1	○0
长斑	●3	○2	○1	○0
长斑的女人	●3	○2	○1	○0
	○3	○2	○1	○0

新增　　删除

下一个

图 4-10　关键词标注

4．四边形矩形拉框

四边形矩形拉框在数据标注市场上统称为 2D 拉框，它主要是用特定软件对图像中需要处理的元素（如人、车、动物等）进行拉框处理，同时用一个或多个独立的标签来代表一个或多个不同的需要处理的元素，同时在标签的添加上可能会碰到多层次的添加，从而实现线条的种类识别。图 4-11 为人体拉框标注图。

图 4-11　人体拉框标注图

4.4　数据标注员需要具备的职业素养

在计算机和互联网高速发展的时代，人工智能已经迅速崛起，并即将掀起全球化的产业革命，生产业、制造业、服务业、教育业等诸多行业都在向智能化方向大力推进。数据标注是大数据处理及人工智能领域中的专业工作，需要一些具备专业素质的人员去完成。关于数据标注，大众对其认知和接触比较少，还属于国内新兴的行业领域。从数据标注行业的发展现状来看，目前从事数据标注工作的专业人员较为稀缺，职业化和专业化素养较低。整个行业，岗位人员缺口较大。作为人工智能的底层工作，数据标注不仅促进了人工智能的发展，也将为大量人员提供就业的机会。

在了解数据标注员需要具备的职业素养之前，首先需要了解什么是数据标注。数据标注是通过数据标注员借助一些标注工具，对人工智能算法中需要的数据进行加工的一种行为。数据标注的流程主要包括数据采集、数据清洗、数据标注、数据质检。在整个流程中分别对应了数据标注的各个角色，如数据采集员、数据清洗员、数据标注员、质检员等，并且在每一个环节都有管理人员和项目负责人。数据标注是一个新兴行业，在行业高速发展阶段，需要推进行业向职业化和专业化方向发展，这不仅是行业发展的需要，也是对每一个从业者的要求。

4.4.1 数据标注员的职业素养

数据标注的应用场景很多，如自动驾驶、智能安防、智慧医疗、工业 4.0、新零售、智慧农业等。这些标注出来的数据应用于训练机器学习或深度学习模型，以形成可靠的人工智能算法。这就需要每一种类型的数据标注都有一套完整且严格的标注规范，并要求一定的正确率。任何新行业的发展都需要有大量的精力投入。数据标注员做的工作相当于每个点，当所有的点汇集起来将发挥巨大的作用。所以在进行数据标注时，要求数据标注员有一定的工作能力和较高的责任心。一个团队或个人想申请或参与到某项数据标注项目时，首先要进行试标，若试标不合格，则无法申请或参与到数据标注项目中。

首先，数据标注的最终数据是要为计算机服务的，所以越精细的标注数据对算法的训练越有效，这就要求数据标注员一定要有责任心和认真的工作态度。其次算法模型需要大量的场景和数据，一个算法模型往往需要上百万的标注数据来进行学习，而且每个场景可能出现多种要标注的数据，这就要求数据标注员要有耐心。数据标注工作是一份比较枯燥且重复的工作，数据标注员需要重复对一些场景进行标注，因此具备足够的耐心是一个数据标注员必备的素质。

数据标注员需要具备哪些职业素养才能做好数据标注工作呢？下面通过互联网上关于数据标注员岗位的要求及数据标注类项目协议的部分内容，来了解数据标注项目对于数据标注员的职业素养要求。

1. 互联网上关于数据标注员岗位的要求

工作内容：

（1）按照项目的要求，使用标注工具对各类人工智能项目数据（文本、图像、音频、视频）进行标注与质检；

（2）对不能通过质检的标注结果要进行重新标注；

（3）理解数据标注规则，根据指导和实际工作要求及时改进工作；

（4）协助完善标注工具，建立词库，定期上交周报和月报，并对工作提出建议。

岗位职责：

（1）确保工作质量达到标准并准时完成工作任务；

（2）认真细致，爱岗敬业，有良好的职业操守，具有良好的沟通能力和执行能力；

（3）思维敏捷，接受能力强，能独立思考，善于总结工作经验，具有团队意识；

（4）勤劳细心，执行力强，责任心强。

2．数据标注类项目协议的部分内容

1）违约责任

（1）如果甲方未能按期支付本协议约定的服务费用，每逾期一日，甲方向乙方支付服务费用总额的 3%作为违约金。违约金同服务费用一起打入乙方银行账户内。

（2）如果乙方单方过错致使乙方未在服务期内完成服务内容，则每逾期一日，乙方向甲方支付服务费用总额的 3%作为违约金，违约金直接从服务费用里扣除。如逾期三日，甲方可终止协议，甲方支付乙方已完成的经过验收合格数据对应的金额。

（3）乙方因客观原因确实不能为甲方提供数据标注服务的，需提前 7 天告知甲方，以方便甲方进行相应的调整和部署。甲乙双方合作期间，如乙方擅自调离人员，导致甲方项目不能如期交付，甲方有权扣除乙方不低于 30%的项目款作为违约补偿。

2）双方权利和义务

（1）甲方应严格按照本协议规定的用途使用数据，不得将乙方的数据用于任何法律所禁止的用途。

（2）乙方需在项目合作期间积极配合甲方的工作。自协议签订之日起，如乙方在组织或协调安排上不能满足甲方项目需求，即数据超过 3 次不达标，甲方有权单方面终止合作。

从互联网上关于数据标注员岗位的要求和数据标注类项目协议的部分内容可以看出项目的交付标准及时间要求是极其严苛的，交付不及时或交付有问题需要赔付违约金，甚至失去项目合作的机会。因此一个合格的数据标注员需要具备学习力、细心、耐心、责任心、专注力、团队协作、良好的沟通表达能力等。

4.4.2　持续的学习力是数据标注工作的基础

学习力是学习动力、学习毅力和学习能力的统称。学习力是学习的动力、毅力和能力的综合体现。学习力是把知识资源转化为知识资本的能力。学习力不仅包含知识总量，即学习内容的宽广程度和开放程度，也包含知识质量，即综合素质、学习效率和学习品质。此外，学习力也包含学习流量，即学习的速度及吸纳知识和扩充知识的能力。学习力更重要的是知识增量，即学习成果的创新程度及知识转化为价值的程度。学习力的本质是竞争力。

当前人工智能的主流是机器学习，机器学习大致可以分为监督学习、无监督学习和半监督学习。监督学习和半监督学习都需要标注好的数据。如果我们把机器学习视为不断做题学习新知识的人，那么监督学习做的都是有标准答案的题（这里的标准答案来自数据标注员），而无监督学习做的是没有答案的题（例如，AlphaZero 就是通过自行对弈学习，不需要学习人类的棋局）。半监督学习则介于两者之间，做的一部分是有标准答案的题，剩下的是没有答案的题。

目前数据标注没有统一的数据标注规则，有些数据标注项目配备专业的数据标注软件或数据标注平台，但有的数据标注项目只需要用到专业知识或某些大众的数据标注软件。所以，若想做好数据标注工作，数据标注员需要不断地学习新规则，开拓专业知识，提高各种数据标注软件的操作技能。

4.4.3 细心是做好数据标注工作的保障

标注数据应用于人工智能的方方面面，如无人驾驶、智能机器人、监控系统、自动化医疗、人脸识别、语音识别等。人工智能对于数据的要求都是很精细的，例如，图像标注要求标注误差在 1 个像素点以内，语音标注截取时的误差要控制在 1 个语音帧之内等。若是标注时不细心，则直接导致数据标注质量不合格，需要打回进行重新标注，这样会浪费很多的时间和人力。

如果一个数据标注员不细心，即使做事的速度很快但是质量未必很高。数据标注工作是一个既需要质量又需要保证速度的工作，质量的保证需要数据标注员细心做事。在数据标注过程中需要数据标注员细心去找出错误，这样才能不断总结，改进数据标注规则，促进数据标注质量的提升。细心是一个数据标注员具备的基本素质，数据标注是一项数据量很大工作，细心是成为一个合格的标注员最基本的要求。

4.4.4 有耐心才能坚持工作在数据标注行业

在心理学上，耐心属于意志品质的一个方面，即耐力。它与意志品质的其他方面，如主动性、自制力、心理承受力等有一定的关系。有很多的数据标注项目的标注内容是极其复杂的，例如，对于车的标注，车辆、人物、指示牌、路灯等都需要标注其类型和属性，每一张图像需要标注很多内容，标注完之后图像会有很多重叠的地方，若是不细心或者没有耐心是无法完成这类复杂的数据标注项目的。图 4-12 是一张车辆、行人数据标注图，数据标注员需要对其中的车辆、行人等进行分别标注。有时一个场景可能出现多种要标注的元素，这就十分考验数据标注员的耐心。数据标注工作是一份比较枯燥又重复的工作，数据标注员需要重复对一些场景进行标注，因此具备耐心是一个数据标注员必备的素质。

图 4-12 车辆、行人数据标注图

4.4.5 拥有责任心才能换位思考做好数据标注工作

责任心指个人对他人、对家庭、对集体、对国家和社会所负责任的认识、情感和信念，以及与之相应的遵守规范、承担责任和履行义务的自觉态度。责任心是一个人应该具备的基本素养，是健全人格的基础，也是家庭和睦和社会安定的保障。具有责任心的员工，会认识到自己的工作在组织中的重要性，把实现组织的目标视为自己的目标。

在任何岗位，都要有责任心，责任是一种态度。数据是人工智能的基石，大量的数据需要被筛选和标注，如果没有足够的责任心是不能胜任数据标注员岗位的。

4.4.6　较强专注力可提高工作效率

专注力又称注意力，是指一个人专心于某一事物或活动时的心理状态，专注力有很多训练方法，如关联练习法、次序练习法、间隔练习法、数字练习法、频度练习法等。在数据标注过程中，数据标注员需要每天面对大量数据，集中精力进行数据标注，如果没有足够的专注力是做不好数据标注的。图 4-13 是河南百分软件科技有限公司的数字梦工厂。

图 4-13　河南百分软件科技有限公司的数字梦工厂

4.4.7　团队协作是一个数据标注团队生存的保障

团队协作是指通过团队完成某项事件时所显现出来的自愿合作和协同努力的精神。团队协作对管理团队特别重要，可以培养团队的向心力。如果团队合作出于自觉自愿，必将会产生一股强大而且持久的力量。

团队协作首先要建立团队内部的信任，在工作中合理分工协作、互相监督，奔着同一个目标前进，不断增强团队的凝聚力。在数据标注过程中，数据标注员进行标注，质检员进行质检，项目经理进行验收。在此过程中，需要三方不断进行沟通。遇到问题或数据标注规则不明确时，要集中开会解决。在数据标注团队中，每个人都发挥着重要的作用，要想提高工作效率需要各方配合。所以，团队协作是数据标注工作中必不可少的能力。

4.4.8　良好的沟通表达力能更为有效地进行数据标注工作

沟通是人与人之间、人与群体之间思想与感情的传递和反馈的过程，以求达成思想一致和感情通畅。表达是将思维所得的成果用语言语音语调、表情、行为等方式反映出来的一种行为。表达以交际和传播为目的，以物、事、情、理为内容，以语言为工具，以听者、读者为接收对象。

有些数据标注项目的数据标注规则可能不是很明确，项目方要充分和需求方进行沟通，表达诉求。并需要将需求方意思完整传达给数据标注员。并且数据标注员在数据标注过程中可能会遇到一些困难，也需要表达诉求。质检员在质检后指出数据标注错误时也要跟数据标注员说明错误。

4.5　数据标注所需职业素养的培养

一个合格的数据标注员不仅要掌握工作技能，更要学会如何把工作做到精细化和规范化。职业素养要求数据标注员们有耐心、有工作责任感等，这些职业素养都可以通过一些小方式或者小游戏进行锻炼和培养，因此只要热爱这份工作，进行一些培训后，人人都可以成为合格的数据标注员。

充分了解一名合格的数据标注员所需要具备的素质后，接下来需要根据这些素质要求的不同，通过一些游戏活动或拓展训练来培养数据标注员的职业素养。

4.5.1　学习力的培养

1．游戏名称：玩转规则

（1）游戏素材：一项数据标注规则、与该数据标注规则相对应的考试题库。

（2）游戏规则如下。

① 根据数据标注规则的难度给出有限的时间，如 0.5 天或 1 天。

② 给出考核标准（正确率或分值），如正确率 95% 以上，或分值为 90 分以上。

③ 设定考试时间（如 25 分钟或 30 分钟等）。

④ 设定考试方式（开卷或闭卷）。

（3）游戏目的：考核数据标注员的理论学习力，通过多次考核可提高数据标注员的学习力。

（4）游戏总结：若考试方式为开卷，则应尽量设置较多的考试题目和较短的考试时间，这样更能有效培养数据标注员的学习力。若考试方式为闭卷，则应先对数据标注员进行实操培训，再进行考试效果更好。

2．游戏名称：实操演练

（1）游戏素材：一个数据标注项目；与之对应的数据标注平台或数据标注软件，以及相应的质检软件和质检员。

（2）游戏规则如下。

① 对考核人员进行实操培训。

② 给出练习时间，并在此期间予以指导。

③ 给出试标案例。

④ 设定完成试标的时间范围。

⑤ 由质检员判定数据标注质量,或用质检软件检测数据标注质量。

(3)游戏目的:考核数据标注员的实践学习力,通过多次考核可提高数据标注员的学习力。

(4)游戏总结:有些数据标注需要一定的专业基础,对于此类的考核可根据考核对象降低或提高考核标准。

4.5.2 细心的培养

1.游戏名称:我是质检员

(1)游戏素材:已标注的文件。

(2)游戏规则如下。

① 提供若干已标注的文件(文本、语音、图像、视频均可以)。

② 设定观察时间。

③ 要求观察者指出已标注文件中是否存在错误,若有错误,则指出错误的具体位置。

(3)游戏目的:强化对标注规则的记忆,考察培养标注员的细心程度。

(4)游戏总结:观察者可以选择口头表达或文字描述的方式对已标注的文件进行评判,若有多个观察者参与,则应尽量选用不同的素材。

2.游戏名称:真假孙悟空

(1)游戏素材:一个或多个数据标注规则以及与之相对应的选择题或判断题。

(2)游戏规则如下。

① 发布一个或多个数据标注规则。

② 对数据标注规则中容易混淆的地方出一些选择题或判断题进行考核。

③ 设定考试时间。

④ 设定考核标准。

(3)游戏目的:锻炼在学习过程中的细心程度。

(4)游戏总结:对类似的选项或与相近的判断题,需要足够的细心才能做对,考核标准可以是正确率或者得分。

4.5.3 耐心的培养

1.游戏名称:框框"框不完"

(1)游戏素材:边框标注项目规则、数据标注平台或 App、质检员。

(2)游戏规则如下。

① 选择标注内容较多的边框标注项目(如无人车标注项目),给出数据标注规则。

② 选出标注素材(尽量选择标注内容比较多且边框重叠率比较大的素材)。

③ 设定时间范围。

④ 观察考核人员在数据标注过程的表情动作并考核其数据标注质量。

（3）游戏目的：锻炼和培养耐心。

（4）游戏总结：选择较为烦琐的标注项目进行考核，可直观地观察到其耐心程度，多次考察可锻炼和培养其耐心。

2．游戏名称：一起"点点点"

（1）游戏素材：点标注素材、数据标注规则、数据标注平台或 App、质检员。

（2）游戏规则如下。

① 选择点标注素材，尽量选择标注比较密集的素材，如 3D 点云标注、人体打点等。

② 给出相应的数据标注规则。

③ 设定时间范围。

④ 观察考核人员在标注过程的表情动作并考核其数据标注质量。

（3）游戏目的：锻炼和培养耐心。

（4）游戏总结：选择较为烦琐的标注项目进行考核，可直观地观察到其耐心程度，多次考察可锻炼和培养其耐心。

4.5.4　责任心的培养

1．游戏名称：我是管理员

（1）游戏素材：考核标准、奖惩措施。

（2）游戏规则如下。

① 管理员负责管理 3~4 人的小组项目。

② 管理员给小组分配任务，并规定交付标准和交付时间。

③ 管理员负责在组内进行任务分配。

④ 在规定时间内完成项目任务，并汇总交付。

⑤ 根据交付情况对其进行相应的奖惩。

（3）游戏目的：通过角色扮演，锻炼其责任心。

（4）游戏总结：不同岗位的体会不同，通过角色扮演，体会到各个岗位都需要有责任心，才能保质保量并且按时交付项目。

2．游戏名称：我是项目负责人

（1）游戏素材：项目交付标准、项目合同、奖惩措施。

（2）游戏规则如下。

① 项目负责人将 5~12 人分成 2~3 组，并把项目任务合理分配给各小组。

② 项目负责人负责安排培训项目规则和实际操作。

③ 根据项目合同和项目交付标准规定团队的项目质量要求。

④ 根据项目时间节点安排团队项目的进度。

⑤ 按时交付项目。

⑥ 根据交付情况对其进行相应的奖惩。

（3）游戏目的：通过角色扮演，锻炼其责任心。

（4）游戏总结：不同岗位的体会不同，通过角色扮演，体会到各个岗位都需要有责任心，才能保质保量按时交付项目。

4.5.5　专注力的培养

1．游戏名称：舒尔特方格

（1）游戏素材：A4 纸、笔。

（2）游戏规则如下。

① 准备 1 张 A4 纸。

② 在 A4 纸上画 5×5 的表格。

③ 在 25 个格子里随机写下 1~25 的数字。

④ 测试者按照 1~25 的顺序依次指出其位置，同时诵读出声，观察者在一旁记录所用的时间。

（3）游戏目的：锻炼测试者专注力。

（4）游戏总结：数完 25 个数字所用时间越短，说明测试者的专注力水平越高，根据情况可以增加或降低测试难度，如用 3×3、8×8 或 9×9 的表格，或者改变表格中的内容，如改成英文字母等，坚持一段时间的锻炼，专注力水平会有明显提高。

2．游戏名称：穿针引珠

（1）游戏素材：针线一套、不同颜色带孔小珍珠若干包。

（2）游戏规则如下。

① 测试者需要先把线穿到针中，然后用针串小珍珠，测试串一百颗珍珠需要用多长时间。

② 当完成基础训练后，可以适当增加难度，如间隔一个串不同颜色的珍珠。

（3）游戏目的：通过串不同颜色的珍珠锻炼集中力和时间把控力。

（4）游戏总结：串珍珠可能会觉得简单，但是把简单的事情做好并不是件容易的事。正是通过串珍珠，可以锻炼测试者对做重复事情的专注程度。

3．游戏名称：顶乒乓球

（1）游戏素材：乒乓球、乒乓球拍。

（2）游戏规则如下。

① 把乒乓球放在乒乓球拍上，拿着乒乓球拍绕桌子走一圈（设置其他运动轨迹亦可），绕完一圈乒乓球没有掉下来，则视为成功。

② 其他人可以在旁边进行捣乱，如拍手跺脚、大喊大叫，或者可以用言语刺激："掉了！

就要掉了!",但不可以碰触到测试者的身体。

(3)游戏目的:测试者保持专注力高度集中。

(4)游戏总结:保持注意力集中本身就不容易,若旁边有人故意制造干扰源,进行人为干扰,会觉得更难以集中注意力。然而正因为有干扰,才能在人为设置的更困难和更复杂的情境中,训练专注力。

4.5.6 团队合作锻炼

1.游戏名称:坐地起身

(1)游戏素材:空旷的场地。

(2)游戏规则如下。

① 四个人围成一圈,背对背地坐在地上。

② 不用手撑地,然后站起来。

③ 依次增加人数,每次增加2人,直至10人。

(3)游戏目的:培养队员之间的合作默契,了解合作的重要性。

(4)游戏总结:在此过程中,主持人要注意引导队员坚持并且合作完成挑战。

2.游戏名称:齐眉棍

(1)游戏素材:开阔的场地、1根3米长的轻棍。

(2)游戏时间:约30分钟。

(3)游戏人数:10~15人。

(4)游戏规则如下。

① 全体分为两队,相向站立。

② 队员共同用手指将一根棍子放到地上,手离开棍子即视为失败。

(5)游戏目的:这是一个看似简单但却最容易出现失误的游戏。在团队中,如果遇到困难或出现了问题,很多人马上会找别人的不足,却很少发现自己的问题。队员间的抱怨、指责、不理解对于团队的成长毫无益处。

(6)游戏总结:这是一个考察团队是否同心协力的游戏。这个游戏告诉大家:"照顾好自己就是对团队最大的贡献"。提高队员在工作中相互配合和相互协作的能力。统一的指挥及所有队员共同努力对于团队成功起着至关重要的作用。

3.团队游戏惩罚建议

在进行团队游戏时,为了增加趣味性,可以在游戏结束后惩罚输的人或团队。团队游戏惩罚建议如下:

(1)模仿广告中的动作;

(2)说出一件经历过的最快乐或最丢人的事;

(3)给大家讲一个笑话;

(4)用肢体表演成语,直到其他人猜出为止;

（5）剧情表演；

（6）朗读准备好一段有趣的文字。

4.5.7　锻炼沟通表达能力

1．游戏名称：传话游戏

（1）游戏素材：提前准备好的故事或事件。

（2）游戏规则如下。

① 所有的队员纵向站成一排，面朝一个方向，准备做信息的传递。

② 教练向第一个队员讲述一个故事或事件。

③ 要求从第一个队员开始讲故事，并且在规定的时间内从第一个队员传递给下一个队员，注意只能给下一个队员讲一次，并且不能让其他人听到，最后看哪个小组传递的信息最准确。

（3）游戏目的：锻炼沟通能力。

（4）游戏总结：在这个游戏中，需要每位队员准确传递信息。由于个人表达能力及理解的差异，在游戏过程中可能会出现信息传递错误的情况。

2．游戏名称：你说我画

（1）人数：每组 3 名代表，分别为描述者、传达者、执行者。

（2）场地：会议室。

（3）游戏素材：提前准备打印出来的图形，并进行编号，每个图形准备两份。

（4）游戏规则如下。

① 每组的描述者用 1 分钟看完图形后向传达者描述，时间为 1 分钟，在该时间内传达者可以询问描述者问题以进行沟通。

② 传达者用 1 分钟时间向执行者传达描述者描述的内容，时间为 1 分钟。

③ 1 分钟内执行者可以询问传达者相关问题以进行沟通。

④ 执行者有 2 分钟的时间画出图形。

⑤ 执行者绘制的图形最贴近原图形的组获胜，难分伯仲时则先绘制完成的组获胜；每次比赛每组用的是统一的图形，交卷要举手示意，举手同时必须已经停笔，否则违规出局。

（5）游戏目的：锻炼沟通表达能力。

（6）游戏总结：向队员描述简单的图形，沟通后队员画出图形，这个游戏看似简单，但是需要有效的沟通才能在一定的时间内更为精确地画出接近原图形的图形。

以上这些游戏只是锻炼和培养数据标注员的一些方式。在实际执行过程中，要根据实际情况进行调整。一个合格的数据标注员是数据标注团队的基础和基石，数据标注员只有从培训就开始规范化，才能在后续的工作中严格按照数据标注规则进行标注。每个数据标注团队对数据标注员培训程度和培训方式不一样，因此要根据需求方的数据标注规则，对数据标注员进行培训。数据标注是数据整理的第一步，数据标注员要有细心、耐心、责任心，对本职工作认真负责，才能降低数据标注不合格造成的返工率，节约时间，提高标注效率，增加数据标注团队效益，满足需求方的要求，寻求更长远的合作。未来是人工智能的时代，而数据标注员所做的工作就是人工智能建设的基石。数据标注员需要时刻端正自己的工作态度，不断地提升自我，才能追随人工智能的发展，在数据标注行业快速成长。

习　题

一、选择题

1．数据标注的流程包括（　　）。

A）数据采集、数据清洗、数据标注、数据质检、数据验收

B）数据清洗、数据采集、数据标注、数据质检、数据验收

C）数据采集、数据清洗、数据标注、数据质检、数据验收

D）数据标注、数据清洗、数据采集、数据质检、数据验收

2．下列关于合格的数据标注员应该具备的素质中，描述错误的是（　　）。

A）持续的学习力是标注工作的基础

B）有耐心才能坚持在标注行业

C）具备一定的管理能力

D）较强专注力可提高个人工作效率

3．常见的标记形式为（　　）。

A）标注画框

B）目标物体轮廓

C）3D 画框

D）以上都是

4．标注公司的岗位角色包括（　　）。

A）数据标注员　　　　　　　　　　B）质检员

C）项目负责人　　　　　　　　　　D）以上都是

5．以下（　　）是数据标注员需要具备的素质。

A）学习力　　　　　　　　　　　　B）专注力

C）责任感　　　　　　　　　　　　D）以上都是

6．下列关于数据标注员对数据进行标注的描述，错误的是（　　）。

A）需要参照数据标注规则

B）遇到数据标注规则模糊的问题需要进行询问

C）按照自己的想法猜测标注

D）数据标注员需要总结经验并及时汇报遇到的问题

7．初级数据标注员应该具备的职业技能包括（　　）。

① 拥有一定的职业道德规范

② 行业基础知识掌握

③ 具备基础业务能力

④ 具备质检能力

⑤ 具备团队管理能力

A）①②③　　　　　　　　　　B）③④⑤

C）②③④　　　　　　　　　　D）①②⑤

8．中级数据标注员应该具备的职业技能包括（　　　）。

① 具备较高的职业道德和一定的从业经验

② 具备较高的业务能力和责任心

③ 具备业务开发能力

④ 具备简单质检能力

⑤ 具备团队管理能力

A）①②③　　　　　　　　　　B）①②④

C）②③④　　　　　　　　　　D）①②⑤

9．高级数据标注员应该具备的职业技能包括（　　　）。

① 具有一定的从业经验

② 具备高度的业务能力和责任心

③ 具备业务开发能力

④ 具备质检能力

⑤ 具备团队管理能力

A）①②③⑤　　　　　　　　　B）①②④⑤

C）①②③④　　　　　　　　　D）①②③④⑤

10．数据标注规则的特点包括（　　　）。

① 数据标注规则需要一致

② 数据标注规则需要不断完善

③ 需求方优先规则

④ 质检优先规则

⑤ 数据标注规则不能改变

A）①②③④　　　　　　　　　B）①③④⑤

C）②③④⑤　　　　　　　　　D）①②③④

二、填空题

1．中级数据标注员需要具备较高的职业道德、一定的从业经验、_____、责任心和简单的质检能力。

2．数据标注按照标注对象进行分类，包括_____、视频标注、语音标注和文本标注。

3．标注质量有三重质检，第一重质检由数据标注员标注完成后自行质检；第二重质检由_____；第三重质检由项目负责人对质检完成数据进行抽样审核。

4. 标注公司有以下几种类型：初创型、_____、科技型及综合型。

5. 数据管理包含数据集存储、_____、使用、扩容、更新、删减。

三、简述题

1. 一个合格的数据标注员应该具备哪些素质？

2. 数据标注规则不明确时，数据标注员应该注意哪些问题？

3. 数据标注管理的作用有哪些？

第 5 章　数据标注实战

本章通过数据标注的实战案例，重点讲述如何培养数据标注员的基本素质，以及培养数据标注员快速掌握文本、语音、图像和视频类数据的标注方法。

5.1　如何成为合格的数据标注员

目前，数据标注行业正朝着专业化、细分化、场景化的方向不断演进，对数据标注员的素质也提出了更高的要求。熟悉数据标注项目的特点，了解数据标注项目的管理方法，具有专业技术基础、专业知识背景和综合素质是一个合格数据标注员的判断标准。

1．数据标注项目管理

数据标注是一个人力密集型的产业。要想成为一个合格的数据标注员，需要从以下几方面了解数据标注项目管理的知识。

（1）了解数据标注项目管理的基本概念与最新进展。

（2）了解数据标注项目管理的内涵、方法、特点，通过案例研讨增强数据标注项目的管理技能。

（3）学会有效的数据标注项目计划的制订方法。

（4）熟悉数据标注项目监控、审核、交付的主要内容与方法。

（5）掌握风险管理的主要内容及其分析工具和规避手段。

（6）掌握数据标注项目组织与团队建设的主要方法与技巧。

2．专业技术基础和专业知识背景

数据标注是批量生产的过程，在数据分发、数据标注、数据质检、数据回收过程都可以用到相应的技术辅助进行。

数据标注需要行业的专业知识，例如，金融行业的语音标注需要了解金融名词，医疗行业的文本标注需要了解医疗相关知识。

3．综合素质

首先，数据标注是为机器学习服务的，所以越精细的标注数据对人工智能算法的训练越有效，这就要求数据标注员一定要细心和认真。很多项目都要求数据有很高的精度和准确度，因此在标注数据时需要有足够的细心，这样才能使标注数据的精细度和准确度有保证。

其次，因为需要标注数据的场景是千变万化的，实际数据标注过程中会有各种各样复杂的场景出现，同时也会有各种不同层次的需求出现，这就要求数据标注员有较强的观察能力和理解能力。观察能力越强，标注出的物体轮廓与物体的真实轮廓越接近，标注的结果越准确；理解能力越强，对需求规则的理解判断越准确，标注出的结果也更符合要求。

最后，因为数据标注有时在单一的场景中需要重复一个或者几个动作，除去判断，这种重复的工作是相对比较枯燥的，这就要求数据标注员有耐心能够坐得住。越有耐心，越能坐得住，标注数据的稳定性和质量就越有保证。

所以，要成为一名合格的数据标注员，首先要有一个细心认真的工作状态，严谨地面对要着手处理的数据，对待每一个数据标注任务都要求精确和精准。一名合格的数据标注员要善于观察思考，提升自己的理解能力，对每一个数据标注需求和规则，要认真研究，深入理解要求，得出准确的结论，这是做好每一个任务的前提，要对数据的观察到位，做到不漏标、错标。同时也要培养良好的心理素质，培养足够的耐心，学会使用适当的方法来缓解枯燥感，保持稳定的工作效率。

5.1.1 实战一 团队拓展小游戏

1．实战目的

（1）培养数据标注员的团队协作能力；
（2）在紧张的数据标注工作之余，增强团队意识。

2．实战环境

选择一个空旷的空间。

3．实战内容及操作步骤

1）破冰游戏：串名字游戏

游戏方法：小组队员围成一圈，从任意一个队员开始进行自我介绍，可以将自己的名字用幽默风趣的方式介绍，以加深记忆。然后，按照顺时针或逆时针的顺序依次进行介绍，例如，第 2 名小组队员需要说：我是 xx 旁边的 xx，第 3 名小组队员需要说：我是 xx 旁边的 xx 旁边的 xx，以此类推，最后一名小组成员要将前面所有人的名字复述一遍。

游戏分析：此游戏可以活跃气氛，打破僵局，加快项目组队员之间的了解。

2）团队游戏：挑战 NO.1

此游戏包含 3 个项目，全部完成后用时最短的队伍将获得"NO.1"的荣誉称号。

项目 1——能量传输：以项目组为单位，全体队员各持一段 U 型管壁，在全队队员集体配合的情况下，交接传递，组成一个 U 型管道，使一个乒乓球向前滚动，直至终点，即为挑战成功。能量传输示意图如图 5-1 所示。

项目 2——动感颠球：以项目组为单位，全体队员各牵动一条与鼓边相连接的绳子，在全体队员集体发力的情况下，颠起一面鼓，使鼓面上的球连续敲击鼓面 20 次，即为挑战成功。动感颠球示意图如图 5-2 所示。

图 5-1　能量传输示意图

图 5-2　动感颠球示意图

项目 3——不倒森林：以项目组为单位，全体队员各手持一根立杆，围成一个圆形，在全体队员一同移动的情况下，保证立杆不动，队员连续换位 10 次，即为挑战成功。不倒森林示意图如图 5-3 所示。

图 5-3　不倒森林示意图

此项目要求每个团队有完善的计划，严密的流程，高效的执行力，并且要默契配合，不能操之过急，一定要稳中求胜，哪怕失误了也不应该埋怨，需要调整好心态继续挑战。

5.1.2　实战二　熟悉数据标注规则

1. 实战目的

（1）了解语音标注的数据标注规则；

（2）了解在语音标注过程中常见的问题；

（3）充分认识到数据标注规则的重要性。

2. 实战环境

（1）安装有中文 Windows 操作系统的平台；

（2）能够上网进行在线测试。

3．实战内容及操作步骤

1）数据标注规则理论学习

数据标注规则是数据标注质量的衡量尺，为了确保数据标注质量，数据标注员在数据标注前必须熟练掌握各种类型的数据标注规则。下面是一个视频类长语音数据标注规则，需要认真阅读并牢记此规则，后续会有系统测试。

视频类长语音数据标注规则

一、常规说明

（1）数据标注需求：对噪声、有人声的地方进行处理（忽略独立的静音，不做截取，静音时长很短的情况下可以把这段静音合并在前后说话内容里）。

（2）时间边界定位（截取波形）：用鼠标选中波形，即为要标注的一段时间边界，此时会自动跳出对应的编辑框。

（3）在整段电话语音的基础上，根据语义和停顿时间等因素，在语音信号中每一句话的句首和句尾分别添加时间边界，即一段标注框内为一段标注的话。

（4）句子中有超过0.5s停顿时，需要把此停顿删除，优先保证句意完整性。

（5）一条有效语音截取的最大时长不能超过15s。

（6）若语音有效，则根据数据标注规则进行截取标注；若整段语音无法标注出文字，则在页面选择无效。

（7）在保证不切音的情况下无预留。

二、属性标注

（1）区分说话人性别。

（2）区分说话人编号，按照说话顺序标注。

三、文本标注

编辑框内需要标注的是该语音对应的文字，若使用汉语交谈，则只能用简体汉字。请在标注时间边界后，选择对应的说话人编号，在编辑框内输入相应的文本。关于文本有以下特别说明。

1．数字

对于语音中的数字部分，需根据发音情况转换为对应的汉字，例如"27"应转换为"二十七"；"我的电话是2381832"应转换为"我的电话是二三八幺八三二（发音相同）"。

2．标点符号

若一个自然语言段的语句较长，则需要根据语意匹配性，添加标点符号。以便于后期数据使用中利于理解说话人的情绪。

标点符号包括逗号、顿号、句号、问号和感叹号，句尾可以不用标点。

3．叠加

针对交叠音（两个人同时说话的部分）的标注，有以下要求：

（1）从语音波形上看，只有完全交叠在一起的部分才可以被判定为叠加（叠加需要单独截取）；

（2）单字或者两个字的应答式的叠加（如好、嗯、行、好的），声音较小，不影响主要说话人的内容时，直接标注主要说话人的内容即可；

（3）多个主要说话人同时说话时，对于其他内容的叠加需要单独截取出并标注"+"；

（4）叠加必须是真实的，不能将大段的听不清语音和叠加混在一起。叠加部分中的非叠加部分，最多不得超过 1 个字。

4．分段原则

在整个语音中，需要根据说话人的变换来增加时间边界（不同说话人分段标注）。若同一说话人的说话时间较长，则应根据其语义来增加时间边界，每个时间段的长度最多不能超过 15s，但断句也不要太短。每个自然语言段平均在 5~6s 即可。

5．英文（全小写）

【单词/缩写】对于语音中简单的英文单词，在能听懂的情况下，直接标出即可。

（1）例如，网址是"三 w 点 sina 点 com"，邮箱为"二三八幺八三二 at qq 点 com"（不能出现@、#等符号）；

（2）英文单词的缩写，如 gdp、cpi、app 这些都是作为专有名词，不进行空格分开。

（3）单词标注，如 nice to meet you，正常标注即可；

（4）单词缩写，如 gdp、cpi、app、vip，正常标注即可；

注意：英文不能把完整的单词用空格隔开；英文跟汉字之间不加空格。

【字母】每个字母中间用空格隔开。

例如，单词 good 拼读时，应该标注为：g o o d（中间用空格隔开）。

6．语气词

除"诶"之外，其他的语气词都是带口字旁的汉字标注。

若发音是表示应答的"嗯"，则统一都用"嗯"，不要用"恩"或"厄"。一般可以用"哦、啊、诶、嗯、呃、呀、吗、嘛"等。

四、噪声的说明

噪声符号是中括号与英文字母的组合（所有符号在编辑框内单击鼠标右键选择）。

（1）说话时有背景噪声时，直接标注说话内容即可。

（2）听不懂的内容（听不清句子/方言/严重口音/英文）用[*]进行标注。

（3）笑声用[LAUGH]进行标注。

（4）由说话人发出的干扰浊音（如咳嗽声、打喷嚏声、清嗓子声）用[SONANT]进行标注。

（5）两个人同时说话的部分用"+"进行标注。

（6）如果唱歌时有伴奏，人声听不清楚或者听不懂，则用[MUSIC*]进行标注。

（7）对于符号要单独进行标注。

（8）说话人选"无"，然后再进行标注。

（9）人声清唱，无音乐伴奏时用[SONG]+文字进行标注。

（10）如果唱歌时有伴奏，人声听得清，用[MUSIC]+文字进行标注。

（11）若出现旁白时，则用[ASIDE]+文本进行标注。

例如，《舌尖上的中国》节目中的旁白，需要区分说话人编号和性别，则标注方式为"[ASIDE]广厦千间，夜眠仅需六尺，家财万贯，日食不过三餐"。

（12）整条舍弃：若整条语音无法标注出文字，则在页面右上角选择"无效"，同时选择对应的无效原因。

五、常见问题总结

（1）注意英文的格式，专有名词的缩写不需要添加空格。

（2）英文必须小写。

（3）单词与文字之间不加空格，专有名词的缩写也不添加空格。

（4）听不懂的不能硬标。

（5）每段语音需要区分说话人。

（6）在处理叠加问题时，若两个主要说话人声音大小相同，则单独截取用"+"进行标注。

（7）专有名词尽量在专业网站中查找或在视频中查找，不可自己随意改写。

（8）禁止出现阿拉伯数字和英文大写的格式。

（9）若团队出现严重错误3次以上，则将整个团队的标注数据全部打回。

六、提示

每次标注10分钟后请临时保存一次。遇到异常问题时，要及时提问再进行处理。

2）数据标注规则理论测试

打开浏览器，进入数据标注实战平台，登录后选择"实战二 熟悉标注规则"，进入后进行测试，并查看本次测试的成绩，如图5-4所示。

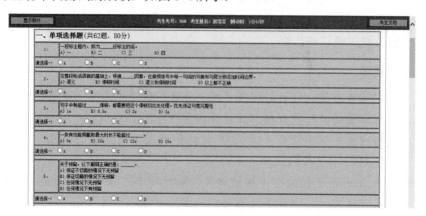

图5-4 数据标注规则理论测试

5.2　文本标注

文本标注的应用场景非常丰富，如聊天机器人、问答机器人、智能对话机器人，也可以通过对留言数据进行数据分析来提高营销的效果。

常见的文本标注主要有文本翻译、实体标注、语句分词、情感标注、语义相似性判定、语句词性标注及其他类文本标注等。

1．文本翻译

文本翻译是最简单的一种文本标注，类似于英译汉和汉译英的方式，在进行文本翻译时，对文本进行翻译并录入在文本框中。

例：将下面句子翻译成中文。

原句：It's a nice day today.

结果：今天天气很好/今天是个好天气等。

2．实体标注

实体标注需要将一句话中的实体提取出来，如电视、足球、门等。有时候还需要划分这句话的类别，如音乐、百科、新闻等，或者是标注出文本中的动作指令（如开门、播放等）。

例：请对以下句子进行食品实体标注，要求每个食品实体用半角圆括号括起来。

原句：第二次来了，上次是做饼干，这次是做蛋糕，老板很热情，帮我们修饰蛋糕。

结果：第二次来了，上次是做（饼干），这次是做（蛋糕），老板很热情，帮我们修饰（蛋糕）。

3．语句分词

语句分词是对文本进行分词并录入在文本框中（注：标点符号也要进行分词）。

例：将下面句子进行分词，并用空格分开。

原句：我今天想去旅游。

结果：我　今天　想　去　旅游。

4．情感标注

情感标注通常需要判定一句话包含的情感，如三级情感标注（正向、中性、负向），要求高的会分成六级甚至十二级情感标注。

例：阅读下面句子，分析文本内容，选择其表达的情绪。

原句：今天是星期天，可是我们还要加班。

选项：1．开心　2．愤怒　　3．低落。

结果：3．低落。

5．语义相似性判定

语义相似性判定是指给出的多个句子的语义是否相同。

例：请判断以下两个句子的语义是否相同。

原句：我会证明你的清白　我会证明你是清白的。

选项：1．相同　2．不相同。

结果：1．相同。

6．语义词性标注

语义词性标注是给句子中的每个词加一个词性类别。这里的词性类别可能是名词、动词、形容词或其他。其中，v 代表动词、n 代表名词、a 代表形容词、wp 代表标点符号等。

例：请对以下句子进行语义词性标注。

原句：教育局李局长调研第一实验高中时提出，积极探索线上线下混合教学新模式。

结果：教育局/n　李局长/n　调研/v　第一实验高中/n　时/n　提出/v　，/wp　积极/a 探索/v　线上/n　线下/n　混合/a　教学/n　新/a　模式/n　。/wp

7．其他类文本标注

其他类文本标注有舆情标注，主要判断一段文章提及的公司是积极的还是消极的影响；还有文章敏感性检测，用来判断文本内容有无违法或者敏感信息。

5.2.1　实战三　文本实体标注

1．实战目的

（1）了解并掌握文本实体标注的方法；

（2）通过大量实战练习，充分认识文本标注工作的特性；

（3）提高数据标注员的理解能力和快速判断能力。

2．实战环境

（1）安装有中文 Windows 操作系统的平台；

（2）使用 Notepad++文本编辑工具；

（3）能够上网下载标注原始数据集，并进行在线测试。

3．实战内容及操作步骤

文本标注规则：请对以下句子进行食品实体标定，要求每个食品实体用半角圆括号括起来。

操作步骤如下。

第 1 步：在 C 盘新建一个文件夹，命名为"sjbz3"。

第 2 步：使用 Notepad++文本编辑工具，新建一个文本文档。在美团或其他电商网站上查找并复制一条用户评论并将其粘贴到新建的文本文档中。

例如，某蛋糕店的一条用户评论如下："喜欢，超级喜欢，第 2 次购买了。这次做的红丝绒蛋糕，奶油味道很棒，甜而不腻，吃着放心。蛋糕样式有创意，用户的不同需求都可以满足。蛋糕图案精致，水果丰富，有蓝莓、草莓、芒果、提子、菠萝。蛋糕上还有粉色的花朵，非常棒，以后买蛋糕就选格子家了。"

第 3 步：将新建的文本文档保存到"C:\sjbz3\用户评价 1.txt"中。

第 4 步：在"用户评价 1.txt"文档中按照文本标注规则进行标注，标注结果为："喜欢，超级喜欢，第 2 次购买了。这次做的红丝绒蛋糕，奶油味道很棒，甜而不腻，吃着放心。（蛋糕）样式有创意，用户的不同需求都可以满足。蛋糕图案精致，（水果）丰富，有（蓝莓）、（草莓）、（芒果）、（提子）、（菠萝）蛋糕上还有粉色的花朵，非常棒，以后买（蛋糕）就选格子家了。"

第 5 步：将标注好的文本文档另存为"C:\sjbz3\用户评价结果 1.txt"，如图 5-5 所示。

图 5-5　保存标注好的文本文档

第 6 步：打开浏览器，进入数据标注实战平台，登录后选择"实战三　文本实体标注"，进入后下载待标注的用户评价样例文档到"C:\sjbz3"文件夹中。

第 7 步：使用 Notepad++文本编辑工具打开文档，按照文本标注规则进行标注。

第 8 步：将标注好的文档另存为"C:\sjbz3\用户评价结果.txt"，如图 5-6 所示。

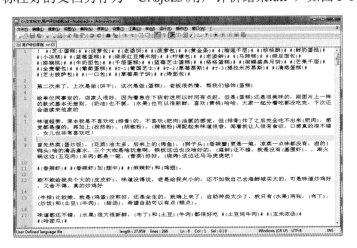

图 5-6　用户评价结果

第 9 步：打开浏览器，进入数据标注实战平台，登录后选择"实战三　文本实体标注"，单击进入后将"C:\sjbz3\用户评价结果.txt"文档上传到网站，并查看本次标注成绩，以及对此次标注实战的评价。

5.2.2 实战四 文本分类标注

1．实战目的

（1）了解并掌握文本分类标注的方法；

（2）熟练使用标注工具进行文本情感标注；

（3）提高数据标注员的理解能力和快速判断能力。

2．实战环境

（1）安装有中文 Windows 操作系统的平台；

（2）使用精灵标注助手进行文本情感标注；

（3）能够上网下载标注原始数据集，并进行在线测试。

3．实战内容及操作步骤

文本标注规则：阅读下面用户评价的句子，分析文中内容，并判断此句话是否涉及以下三方面的内容：位置—交通是否便利；服务—点菜/上菜速度；环境—卫生情况。

操作步骤如下。

第 1 步：在 C 盘新建一个文件夹，将其命名为"sjbz4"。

第 2 步：使用 Notepad++文本编辑工具，新建一个文本文档。在美团或者其他的电商网站上查找并复制一条用户评论，并将其粘贴到新建的文本文档中。

例如，某烘焙坊的一条用户评论如下："店员的服务态度不是一般的好，一进店就热情问候，而不是像有些店那样爱理不理的，当初拿出大众还是有点害羞的，毕竟是没花钱弄来的。店员一听是大众的，二话不说立马验证了，热情一点没减，动作也麻利，很快就包装好了，全程面带微笑，完美地贯彻了顾客是上帝的服务方针，这点实在值得表扬，冲着这服务，下次回家就来这家烘焙坊买特产了。"

第 3 步：将新建的文本文档保存到"C:\sjbz4\用户评价 2.txt"。

第 4 步：打开精灵标注助手工具，新建文本分类项目，如图 5-7 所示。

图 5-7 "新建项目"对话框

第 5 步：阅读文本，按照文本分类标注要求，针对"位置—交通是否便利""服务—点菜/上菜速度""环境—卫生情况"内容进行选择，如图 5-8 所示。

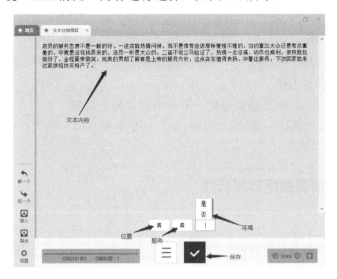

图 5-8　"文本分类项目"对话框

第 6 步：标注完成后，单击"保存"按钮，然后按 XML 格式导出文件即可。

第 7 步：使用 Notepad++文本编辑工具打开导出的 XML 格式的结果文件。

第 8 步：打开浏览器，进入数据标注平台，登录后选择"实战四　文本分类标注"，进入后下载待标注的用户评价样例文档到"C:\sjbz4"文件夹下。

第 9 步：使用精灵标注助手工具，依照上述步骤，按照文本标注规则进行标注。

第 10 步：将标注好的文本文档按 XML 格式导出。

第 11 步：打开浏览器，进入数据标注平台，登录后选择"实战四　文本分类标注"，单击进入后将"C:\sjbz4\outputs\用户评价样例.xml"文档上传到网站，并查看本次标注成绩，以及对此次标注实战的评价。

5.3　语音标注

语音识别是人机交互的基础，是目前人工智能应用最成功的技术。语音识别目前主要应用在车联网、智能翻译、智能家居、自动驾驶等方面。视频类语音识别是利用标注数据进行视频类语音识别场景模型的训练，从而达到视频字幕的自动识别，也可以为外文电影翻译字幕。语音识别的应用场景非常广泛，如会议场景中录音笔，智能家居场景中的智能语音对话音响等。

随着人工智能理论与技术的迅猛发展，语音识别（ASR）和语音合成（TTS）技术都取得了突破。但是在实际应用过程中仍需要语音标注，训练数据集的准确性很大程度上影响了算法模型的准确率。在进行语音标注前一定要了解语音标注的注意事项。

（1）无效语音的判断。在语音标注中，能清晰地听到当事人的对话，不过，如果有背景音乐等杂音，在一般语音标注下可以视为杂音来处理。

（2）在转写时，对于模棱两可的方言，除非有特殊要求，默认情况下都需要用普通话翻译出来。

（3）语音标注在进行切分时，音频中人声一定要前后有一定的停顿。

（4）语音标注对耳机要求很大，如果耳机质量不好，在语音标注过程中会出现杂音，不利于语音标注，也容易出错。

（5）在语音标注过程中，需要给每个语音内的主角打标签。

（6）在语音标注过程中，除去杂音成分外，如果突然出现一个人的说话声音，这些声音也是需要标注。

5.3.1 实战五 语音数据转写标注

1. 实战目的

（1）了解并掌握语音数据转写的方法；

（2）通过语音标注规则的学习和大量实战练习，掌握语音转写的标注；

（3）培养数据标注员的耐心、理解力和判断力。

2. 实战环境

（1）安装有中文 Windows 操作系统的平台；

（2）使用精灵标注助手进行文本情感标注；

（3）能够上网下载标注原始数据集，并进行在线测试。

3. 实战内容及操作步骤

语音数据转写标注规则：有效性判定（包括有效、无效），判定有效后则进行后续标注。

1）有效的判定标准

① 一个人说话，而且说话清晰，内容能用文字转写出来；

② 若一句话超过 50%有效，则判定整句话是有效的；若一句话超过 50%无效，则判定整句话是无效的。若一整段都是说话内容，有一半内容能听懂则进行标注，若只能听懂两三个字，则整段判定为无效。

2）无效的判定标准

① 无法听清音频中的内容（不论部分还是全部）；

② 音频为与普通话差异较大的方言，如粤语、上海话、闽南语等；

③ 音频中出现了除中文之外的语言；

④ 音频中无人声，只含有纯音乐、噪声或者笑声；

⑤ 背景音乐、人声或者噪声音量大于主说话人；

⑥ 多人说话时无法分清主次，有重叠的；

⑦ 音频中仅有一个汉字或一个英文单词；

⑧ 音频中包含 AI 客服声音、机器播报、电话彩铃等。

3）有效的音频转写规则

时间点切分应遵循以下规则。

① 有效语音前、后可稍微预留空白。

② 在进行切分时，不可切分到有效语音上。

③ 当句首或句尾有截断的情况时，若能听出来说的是什么，则进行转写；若无法全部听清，则从能听清的地方截取准确的时间点。

中文的转写应遵循以下规则。

① 严格按照音频进行转写的原则。

例：真实音频为"我们去哪哪里啊"。

错误转写：我们去哪里啊。

正确转写：我们去哪哪里啊。

② 所有的专有名词，包括人名、地名、组织机构名等，详细的转写规范说明如下。

对于熟知的人名，必须正确转写。

例："郭德纲的相声很不错"不能转写成"郭德刚"。"邀请白举纲参加来往活动"不能转写成"白句刚"。

③ 地名、组织机构名规则与人名相同。

④ 请规范使用汉字，不要出现错别字，也要规范"的、得、地"的使用。

⑤ 一般情况不使用繁体。

⑥ 网络用语，如实际发音是"灰常""孩纸""童鞋"，也应该转写成"灰常""孩纸""童鞋"，不能转写为 "非常""孩子""同学"。

数字符号的转写应遵循以下规则。

① 完全按照其读音转写成对应的汉字。

例："5256"应转写成"五千二百五十六"，"19%"应转写为"百分之十九"等。

② 其中"1"根据真实发音转写成"一"（yi）或"幺"（yao）。

非中文字符的转写应遵循以下规则。

① 对于英文单词或者作为单词发音的缩写词，若其发音是按照单词来发音的，则直接转写，并且字母大写。当遇到字母拼读或拼读式缩写时，字母间要加空格。

例：今年的 GDP 是多少，您的 QQ 邮箱是多少？

② 商标、品牌、注册名等都应以其原有、专有的格式出现。

例："Hotmail dot com"不能转写为"hot mail 点 com"。

标点符号的转写应遵循以下规则。

① 只可以用逗号、顿号、句号、问号、感叹号五个中文标点符号。

② 句尾需要加标点符号。

③ 句子标点符号不可过多，也不能整个句子无标点符号。

④ 标点符号不可连续使用。

操作步骤如下。

第 1 步：在 C 盘新建一个文件夹，命名为"sjbz5"。

第 2 步：在互联网上搜索中文开源语音数据，找到后下载并复制到新建的文件夹下，或者通过录音设备录制一段对话，将文件名保存为"test.wav"。

第 3 步：打开精灵标注助手工具，新建一个音频转录项目，并选择音频文件夹为 C 盘"sjbz5"文件夹，如图 5-9 所示。

图 5-9 "新建项目"对话框

第 4 步：通过播放语音，根据内容在窗口下方单击鼠标右键，进行时间截取。有效的语音按照语音标注规则进行标注，无效的语音不进行标注，标注完成后单击"√"按钮保存，如图 5-10 所示。

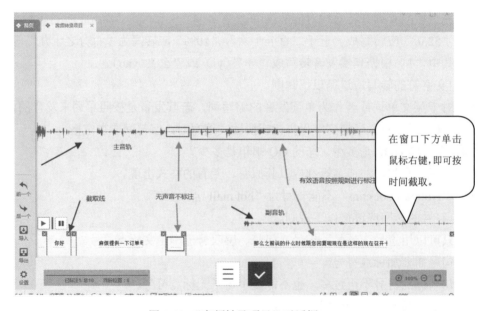

图 5-10 "音频转录项目"对话框

第 5 步：单击窗口左下方的"导出"按钮，弹出如图 5-11 所示的对话框，选择 XML 格式，保存到的文件夹为"C:\sjbz5"，单击"确定导出"按钮，会提示导出成功，单击"查看导出"按钮，即可打开"C:\sjbz5"文件夹，并看到系统自动生成了 outputs 文件夹，打开该文件夹，"test.xml"文件即为标注结果文件。

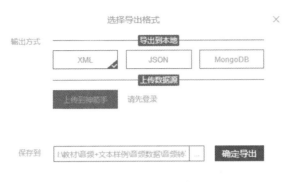

图 5-11 "导出"对话框

第 6 步：打开浏览器，进入数据标注平台，登录后选择"实战五 语音数据转写标注"，进入后下载待标注的语音数据文档到"C:\sjbz5"文件夹下。

第 7 步：使用精灵标注助手工具，依照上述步骤，按照语音标注规则进行标注。

第 8 步：将标注好的结果文档按 XML 格式导出。

第 9 步：打开浏览器，进入数据标注平台，登录后选择"实战五 语音数据转写标注"，单击进入后将"C:\sjbz5\outputs*.xml"文档上传到网站，并查看本次标注成绩，以及对此次标注实战的评价。

5.3.2 实战六 语音数据情绪标注

1. 实战目的

（1）了解并掌握语音数据情绪标注的方法；
（2）掌握一种采集语音数据的方法；
（3）培养数据标注员的耐心、理解力和判断力。

2. 实战环境

（1）安装有中文 Windows 操作系统的平台；
（2）使用精灵标注助手进行语音数据情绪标注；
（3）在网上下载标注原始数据集，并进行在线测试。

3. 实战内容及操作步骤

语音数据情绪标注规则是先听一段语音，标注出这段语音中的说话人的情绪：全程激动、全程不激动、部分激动。

操作步骤如下。

第 1 步：在 C 盘新建一个文件夹，命名为"sjbz6"。

第 2 步：在网上搜索中文开源语音数据集，找到后下载并复制到新建的文件夹下，或者通过录音设备录制一段语音，并将文件名保存为"test1.wav"。

第 3 步：打开精灵标注助手工具，新建一个语音转录项目，并选择音频文件夹为 C 盘下的"sjbz6"文件夹。

第 4 步：通过播放语音，根据内容在窗口下方录入该段语音中说话人的情绪，标注完成后单击"√"按钮保存，如图 5-12 所示。

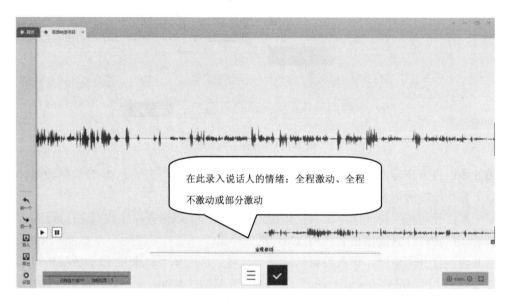

图 5-12 "音频转录项目"对话框

第 5 步：单击窗口左下方的"导出"按钮，弹出如图 5-13 所示的对话框，选择 XML 格式，并保存到"C:\sjbz6"文件夹下，单击"确定导出"按钮，提示导出成功，单击"查看导出"按钮，即可打开"C:\sjbz6"文件夹，并看到系统自动生成了 outputs 文件夹，进入该文件夹，会看到"test1.xml"文件，即为标注结果文件。

图 5-13 "导出"对话框

第 6 步：打开浏览器，进入数据标注平台，登录后选择数据标注"实战六 语音数据情绪标注"，进入后下载待标注的语音数据文档到"C:\sjbz6"文件夹下。

第 8 步：使用精灵标注助手工具，依照上述步骤，按照数据标注规则进行标注。

第 9 步：将标注好的结果文档按 XML 格式导出。

第 10 步：打开浏览器，进入数据标注平台，登录后选择"实战六　语音数据情绪标注"，单击进入后将"C:\sjbz6\outputs*.xml"文档上传到网站，并查看本次标注成绩，以及对此次标注实战的评价。

5.4　图像标注

图像标注是最常用的一种数据标注方式，图像场景识别作为人工智能中不可或缺的一部分，已经在日常生活中被大批量应用。其常用的应用场景有手机或者安检中的人脸识别、自动驾驶、视频软件中根据姿态显示对应特效的姿态识别等。图像标注的形式主要有以下几种。

① 矩形拉框（也称为 2D 拉框）主要是用特定软件对图像中需要处理的元素（如人、车、动物等）进行拉框处理，同时用一个或多个独立的标签来代表一个或多个不同的需要处理元素，从而实现对元素的识别。

② 多边形拉框是将被标注元素的轮廓以多边形的方式勾勒出来，不同的被标注元素有不同的轮廓，除同样需要添加单级或多级标签以外，多边形还有可能会涉及物体遮挡的逻辑关系，从而实现对元素的识别。

③ 打点标注是指对需要标注的元素（如人脸、手势、肢体）按照需求位置进行点位标注，从而实现特定部位关键点的识别。

④ 语义分割是指通过对需要标注区域或元素填充颜色，实现对不同元素或区域之间的分割，从而可以清晰地通过不同区域的颜色，对元素进行区分，实现元素的系统化识别。语义分割是计算机视觉的关键问题之一。作为计算机视觉的核心问题，场景理解的重要性越来越突出，因为现实中越来越多的应用场景需要从影像中推理出相关的知识或语义（由具体到抽象的过程），这些应用包括自动驾驶、人机交互、图像搜索引擎、增强现实等。应用各种传统的计算机视觉和机器学习技术，这些问题已经得到了解决。

⑤ 点云拉框是指在生成的三维模型中，对被标注元素进行外轮廓的 3D 立体拉框。与矩形拉框相同，点云拉框也需要对生成的立体框添加特定标签，从而实现对元素空间感的识别。

⑥ VR 打点标注是指在虚拟立体场景中使用 VR 设备，对需要标注元素（各类物体）的关键区域添加标签，从而对被遮挡物品外观轮廓实现更精准的识别。

⑦ OCR 识别是指识别图片上的文字，然后把图片上的文字保存到文档中。计算机是通过 OCR 技术来识别图片的，利用 OCR 技术及全文检索等技术，可以将非结构化数据转化为结构化数据，这些数据不仅可以用于战略分析，也可以进行文档图像增强处理、模糊检索、多条件和多关键字检索、文档自动分类、查阅与分享及数据分析等。OCR 识别分为两部分，一部分是拉框，框选出待检测部分。另一部分则需要对框选部分的内容进行高准确性转写。

5.4.1 实战七 人脸拉框图像标注

1．实战目的

（1）了解并掌握简单的矩形拉框图像标注方法；

（2）通过学习数据标注规则和大量的实战练习掌握图像的标注方法；

（3）培养标注工作员的耐心和细心程度。

2．实战环境

（1）安装有中文 Windows 操作系统的平台；

（2）使用 labelme 工具进行图像标注；

（3）能够上网下载标注原始数据集，并进行在线测试。

3．实战内容及操作步骤

人脸图像标注规则是使用矩形框框住一张图片中的人脸部分，然后用于人脸识别中的模型训练。

操作步骤如下。

第 1 步：在 C 盘新建一个文件夹，命名为"sjbz7"。

第 2 步：从网上找出一张含有人脸的图片，复制到"sjbz7"文件夹下，并将其重命名为"test7.jpg"。

第 3 步：打开 labelme 软件，单击"Open"按钮或"Open Dir"按钮，打开文件夹中的"test7.jpg"图片，判断此图片是否需要标注。单击"Open"按钮可以打开文件夹里的某张图片，单击"Open Dir"按钮可以打开整个文件夹中的图片。

第 4 步：对图片中的人脸进行画框标注，单击"Create\nRectBox"矩形框按钮进行标注，在图片中选中人脸进行拉框并且选择标签。在标签单一的情况下，可以设置默认标签并跳过选择标签环节。在标签多样化的情况下，每次拉框完成都需要对标签进行编辑选择，人脸拉框标注如图 5-14 所示。

图 5-14 人脸拉框标注

第 5 步：放大图片，检查标框是否与人脸边缘贴合，若不贴合，则需要及时做出调整，如图 5-15 所示。

图 5-15　调整拉框位置

第 6 步：调整完成后，单击左侧的"Save"按钮，将结果保存至当前文件夹下，进入 Windows 文件管理器，在"C:\sjbz7"文件夹下可以看到同名的 JSON 格式的标注结果文件，即"test7.json"。

第 7 步：单击"Next image"按钮继续对下一张图片进行标注，直至完成文件中所有人脸图像的标注。

第 8 步：打开浏览器，进入数据标注平台，登录后选择"实战七　人脸拉框图像标注"，进入后下载待标注的人脸图像到"C:\sjbz7"文件夹下。

第 9 步：使用 labelme 工具，依照上述步骤，按照标注规则进行标注。

第 10 步：全部标注完成后，打开浏览器，进入数据标注平台，登录后选择"实战七　人脸拉框图像标注"，单击进入后将"C:\sjbz7*.json"文档上传到网站，并查看本次标注成绩，以及对此次标注实战的评价。

5.4.2　实战八　人体框图像标注

1．实战目的

（1）了解并掌握图像标注的方法；

（2）通过学习数据标注规则和大量的实战练习掌握图像的标注方法；

（3）培养数据标注员的耐心和细心程度。

2．实战环境

（1）安装有中文 Windows 操作系统的平台；

（2）使用 labelImg 工具进行图像标注；

（3）能够从网上下载标注原始数据集，并进行在线测试。

3．实战内容及操作步骤

标注规则：判断图片是否有效。

① 若图片有效，则需要进行标注。图片有效是指图片中至少要有一个人。

② 若图片无效，则不需要标注。图片无效是指图片中无人，直接跳过即可。

1）标签标注说明

① 头肩：上沿为头顶，下沿为肩膀圆弧处，要包含肩膀圆弧处。

② 上半身：上沿为脖子末尾与肩膀交接处，下沿为上衣下沿（连体衣预估到臀部位置），需要把手全部包含进上半身。

③ 下半身：上沿为臀部位置，基本框入臀部；下沿为脚底。

④ 人体框：上至头顶，下至脚底，左至人体最左侧，右至人体最右侧。

2）标注要求

① 用矩形工具在图片上进行标注，画出框后再选择标签，并重复以上动作。

② 标注顺序依次为：头肩、上半身、下半身、人体全身，标注完一个人后再标注另一个人。

③ 店外的人或是较远模糊的人，只需要标注人体全身框，不需要标注头肩、上半身和下半身。

④ 头肩、上半身、下半身看见多少就标注多少，看不见的不标注，框与框允许重叠。

⑤ 在标注人体全身框时，人体不可见部分可认为在人体全身框内。

⑥ 头肩、上半身、下半身需要标在人体全身框内。

⑦ 人体全身框要贴合里面头肩、上半身、下半身的框，不可过大或是压线，不可见部分除外。

⑧ 人身上穿的服装和鞋帽需要框进去，手里拿的东西和背的包不需要框进去。

标注要求如图 5-16 所示。

图 5-16　标注要求

3）标注操作

① 按住鼠标左键向下拉，画出矩形框并标注标签属性。

② 标注完成单击"Save"按钮保存，保存至当前文件夹。

③ 全部标注完后，进行检查，检查无误后提交。

④ 返工数据需优先处理。

操作步骤如下。

第 1 步：在 C 盘新建一个文件夹，命名为"sjbz8"。

第 2 步：从网上或者使用手机上选择一张含有人像的图片，复制到"sjbz8"文件夹下，并将其重命名为"test8.jpg"。

第 3 步：打开 labelImg 软件，在软件里单击"Open"按钮或"Open Dir"按钮，打开文件夹里的"test8.jpg"，并判断此图片是否需要标注。单击"Open"按钮可以打开文件夹里的某张图片，单击"Open Dir"按钮可以打开整个文件夹中的图片，如图 5-17 所示。

第 4 步：对图片中的人进行画框标注，单击 Create\nRectBox 矩形画框按钮进行标注，需要标注 4 个框，添加标签，分别为头肩、上半身、下半身、人体全身。labelImg 功能界面如图 5-17 所示。

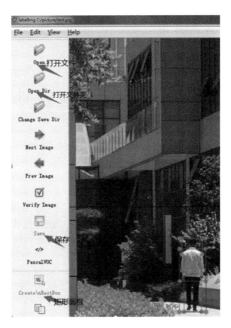

图 5-17　labelImg 功能界面

第 5 步：检查标注的头肩、上半身、下半身以及人体全身的名称是否正确，检查是否压住人体或距离人体过宽，检查人体全身的框是否压线以及对不可见部分的处理是否合理。

第 6 步：标注完成后单击"Save"按钮保存，保存至当前文件夹，进入 Windows 的文件管理器，在"C:\sjbz8"文件夹下可以看到同名的 XML 格式的标注结果文件，即"test8.xml"。

第 7 步：打开浏览器，进入数据标注平台，登录后选择"实战八　人体框图像标注"，进入后下载待标注的人体图像到"C:\sjbz8"文件夹下。

第 8 步：使用 labelImg 工具，依照上述步骤，按照标注规则进行标注。

第 9 步：全部标注完成后，打开浏览器，进入数据标注平台，登录后选择"实战八 人体框图像标注"，单击进入后将"C:\sjbz8*.xml"文档上传到网站，并查看本次标注成绩，以及对此次标注实战的评价。

5.4.3 实战九 手势图像标注

1. 实战目的

（1）了解并掌握图像打点标注的方法；

（2）通过学习数据标注规则和大量的实战练习，掌握图像打点标注的方法；

（3）培养数据标注员的耐心、细心程度和对图像的判断能力。

2. 实战环境

（1）安装有中文 Windows 操作系统的平台；

（2）使用 labelme 工具进行图像标注；

（3）从网上下载标注原始数据集，并进行在线测试。

3. 实战内容及操作步骤

手势标注的规则如下。

1）手势标注要求

① 需要标注手部的整体矩形框和 21 个指关节，如图 5-18 所示；

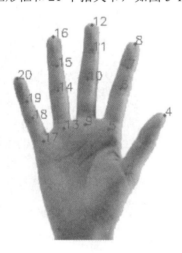

图 5-18 21 个指关节的标注

② 手部的整体矩形框要贴合手，边缘要紧贴手指尖和手腕，但不能露出来；

③ 从大拇指开始标注，按照手指头关节从下往上的顺序进行标注，第 21 个点的位置在手腕末端关节处；

④ 每个点的位置应为关节中心处，如果遇到关节被遮挡或图片残缺无法判断的情况，需要自行合理推测关节所在的位置，然后进行标注。

2）标注操作

① 按住鼠标向下拉，画出矩形框并标注标签属性；

② 标注完成后，一定要先保存；

③ 全部标注完后，务必进行检查，检查无误后再提交；

④ 返工数据需优先处理。

3）标注示例

标注示例如图 5-19 和图 5-20 所示。

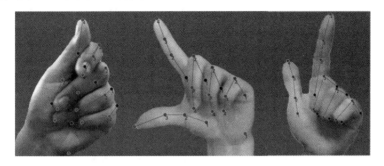

图 5-19　标注示例 1

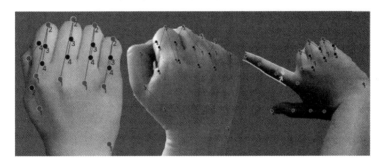

图 5-20　标注示例 2

操作步骤如下。

第 1 步：在 C 盘新建一个文件夹，重命名为"sjbz9"。

第 2 步：从网上或者手机上选择一张包含人手的图片，复制到"sjbz9"文件夹下，并将其重命名为"test9.jpg"。

第 3 步：打开 labelme 图像标注工具，单击"Open"或"Open Dir"按钮，打开文件夹里的图片，判断此图片是否需要标注。以"Open Dir"命令为例，单击左侧"Open Dir"按钮，在 C 盘中找到"sjbz9"文件夹，打开该文件夹，如图 5-21 所示。

第 4 步：首先进行手部整框的操作。单击主菜单中的"Edit"命令，在下拉菜单中选择"Create Rectangle"选项。单击鼠标左键开始画框，再单击鼠标左键结束画框。手部整框要贴合手，边缘是手腕和指头，框完以后标注为"hand"标签，如图 5-22 所示。

第 5 步：接下来再进行 21 个指关节的标注。单击主菜单中的"Edit"命令，在下拉菜单中选择"Create Point"选项。然后按照从 1 到 21 的顺序单击进行标注，并标注好相应的序号标签，如图 5-23 和图 5-24 所示。

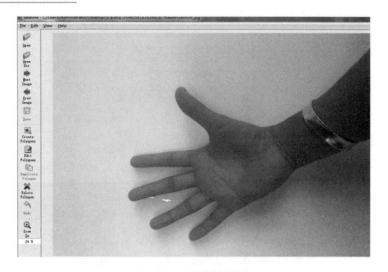

图 5-21　打开标注图片

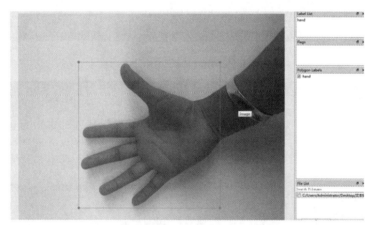

图 5-22　手部整框操作

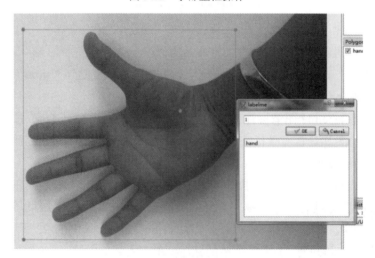

图 5-23　标注第 1 个指关节

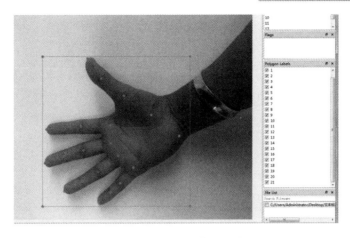

图 5-24　标注 21 个指关节

第 6 步：21 个指关节标注完成后，单击左侧的"Save"按钮，将文件保存至当前文件夹，进入 Windows 的文件管理器，在"C:\sjbz9"文件夹下可以看到同名的 JSON 格式的标注结果文件，即"test9.json"。

第 7 步：保存完成后单击"Next image"按钮，继续进行对下一张手势图像的标注，直至完成文件中所有手势图像的标注。

第 8 步：打开浏览器，进入数据标注平台，登录后选择"实战九　手势图像标注"，进入后下载待标注的手势图像到"C:\sjbz9"文件夹下。

第 9 步：使用 labelme 工具，依照上述步骤，按照标注规则进行标注。

第 10 步：全部标注完成后，打开浏览器，进入数据标注平台，登录后选择"实战九　手势图像标注"，单击进入后将"C:\sjbz9*.json"文档上传到网站，并查看本次标注成绩，以及对此次标注实战的评价。

5.4.4　实战十　人脸精确打点标注

1．实战目的

（1）了解并掌握对人脸精确打点的标注方法；
（2）通过数据标注规则的学习和大量的实战练习，掌握图像打点标注的一般规律；
（3）培养数据标注员的耐心、细心程度、理解能力和对图像的判断能力。

2．实战环境

（1）安装有中文 Windows 操作系统的平台；
（2）从网上下载标注原始数据集，并进行在线测试。

3．实战内容及操作步骤

人脸精确打点的标注规则：对人脸的五官（共 106 个点）的精确打点标注。
1）标注顺序
① 左眉（Left Eyebrow）；

② 左眼（Left Eye）；

③ 右眉（Right Eyebrow）；

④ 右眼（Right Eye）；

⑤ 鼻子（Nose）；

⑥ 嘴（Mouth）；

⑦ 脸颊（Cheek）；

⑧ 人脸框（Face_rectangle）。

2）点位详解

标注部分：左/右眉，一侧有 9 个点，共有 18 个点。

说明：

① 起点为靠近鼻梁的左眉上部（1 号点），5 号点为左眉远鼻梁端的终点，终点为靠近鼻梁的右眉下部（9 号点）。

② 远离鼻梁的眉角处为中点，上部和下部各有 4 个点，一共有 9 个点。

③ 左/右眉打点顺序如图 5-25 所示。

图 5-25　左/右眉打点顺序

标注部分：左/右眼，一侧有 10 个点，共有 20 个点。

说明：① 眼睛轮廓起点为左眼靠近鼻梁的内眼角（1 号点），5 号点为外眼角，眼睛轮廓终点为 8 号点，9 号点为眼睛轮廓的中心点，瞳孔为 10 号点；②眼睛轮廓共有 8 个点，眼睛轮廓的中心点有 1 个点，瞳孔有 1 个点，一共有 10 个点。

左眼、右眼标注分别如图 5-26、5-27 所示。

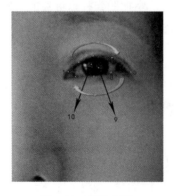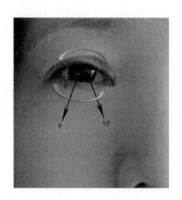

图 5-26　标注左眼　　　　　　　　　图 5-27　标注右眼

标注部分：鼻子，共有 15 个点。

说明：起点为鼻梁最高点（1 号点），按照从左向右的标注顺序完成鼻子轮廓的，然后标注鼻头（13 号点），14 号点和 15 号点为鼻头（13 号点）到鼻梁最高点（1 号点）的等分点；4 号点和 10 号点为鼻子最宽处；5 号点、6 号点和 8 号点、9 号点为鼻孔的两端；7 号点为鼻子最下端。标注鼻子如图 5-28 所示。

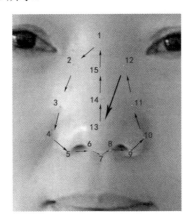

图 5-28　标注鼻子

标注部分：嘴唇，共有 20 个点。

说明：起点为左侧嘴角（1 号点），上嘴唇上部共 5 个点（不含左右嘴角）；上嘴唇下部和下嘴唇上部各有 4 个点；下嘴唇下部有 5 个点，这样共有 20 个点。1 号点为左嘴角，7 号点为右嘴角，3 号点和 5 号点为上嘴唇两个唇峰，4 号点为上嘴唇唇谷，8 号点到 11 号点为上嘴唇下轮廓的四等分点，12 号点到 15 号点为下嘴唇上轮廓的四等分点，16 号点到 20 号点为下嘴唇下轮廓的五等分点，如图 5-29 所示。

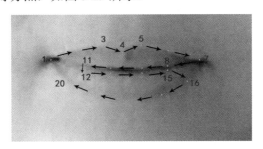

图 5-29　标注嘴唇

标注部分：脸颊，共有 33 个点。

说明：起点为人脸左侧太阳穴位置（1 号点），终点为人脸右侧太阳穴位置，17 号点为脸颊最低点，以下巴顶点处为中点，两侧各有 16 个点，共有 33 个点，如图 5-30 所示。

操作步骤如下。

第 1 步：在 C 盘新建一个文件夹，将其命名为"sjbz10"。

第 2 步：从网上或者使用手机选择一张人脸清晰的图像，复制到"sjbz10"文件夹下，并将其改名为"test10.jpg"。

图 5-30　标注脸颊

第 3 步：打开点我科技的人脸标注平台，在网站的左侧选择图片列表，打开"C:\sjbz10\test10.jpg"文件所在的文件夹，如图 5-31 所示。

图 5-31　"图片列表"对话框

第 4 步：简要观察此图像的人脸信息，先选择矩形框标出人脸部位，然后单击左侧工具栏中的"多边形工具"按钮，开始对人脸五官进行精确打点标注。

第 5 步：在掌握每个点的精确位置的情况下，按照标注要求，从图像上的左眉开始标注，标注完左眉的 9 个点后，在工具标签中选择左眉标签，然后标完剩下的点位。点位标注完成后，需要对每个部分的点的数量进行检查，同时对图像点位的位置进行检查，特别是较为重要的点位，要保证标注的精确性。同时也要对人脸矩形框的位置进行检查，确保其贴合人脸框，如图 5-32 所示。

第 6 步：人脸标注完成后，单击图片下方的"保存"按钮，将会自动生成并下载 JSON 格式的标注结果文件，即"test10.json"，将此文件下载到"C:\sjbz10"文件夹下。

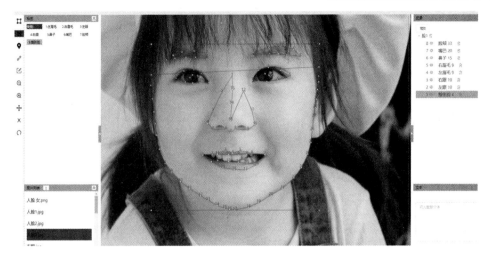

图 5-32　人脸标注

第 7 步：保存完成以后，单击下一张人脸图像继续进行标注，直至完成文件中所有人脸图像的标注。

第 8 步：打开浏览器，进入数据标注平台，登录后选择"实战十　人脸精确打点标注"，进入后下载待标注的人脸图像到"C:\sjbz10"文件夹下。

第 9 步：依照上述步骤，按照标注规则进行标注，并将所有的 JSON 格式的结果文件下载到"C:\sjbz10"文件夹下。

第 10 步：全部标注完成后，打开浏览器，进入数据标注平台，登录后选择"实战十　人脸精确打点标注"，单击进入后，将"C:\sjbz10*.json"文档上传到网站，并查看本次标注成绩，以及对此次标注实战的评价。

5.4.5　实战十一　道路场景语义分割标注

1．实战目的

（1）了解并掌握对道路场景语义分割的标注方法；

（2）通过学习数据标注规则和大量的实战练习，掌握场景语义分割标注的一般规律；

（3）培养数据标注员的耐心、细心、理解能力和对图片的判断能力。

2．实战环境

（1）安装有中文 Windows 操作系统的平台；

（2）从网上下载标注原始数据集，并进行在线测试。

3．实战内容及操作步骤

标注规则：按要求将道路场景进行语义分割，如图 5-33 所示。

标注形式：按给出的标注类别进行标注，对不清楚的像素或物体不予标注。

标注类别如下。

路面：车可以驾驶的地面部分，包括自行车道，不包括路沿及人行道。

图 5-33   道路语义分割

小轿车：包括 SUV 和皮卡。

卡车：包括油罐车。

工程机械：包括起重机、吊车、挖土车等。

公交车：包括校车。

摩托车、自行车：包括三轮车。

杆：路灯也标为标为杆。

标注类别还包括人、锥形桶、路障、固定标志牌、移动标志牌等。

对于所需标注类别外的其他像素不予标注。

操作步骤如下。

第 1 步：在 C 盘新建一个文件夹，命名为"sjbz11"。

第 2 步：从网上或者手机中选择一张道路场景的图像，复制到 sjbz11 文件夹下，并将其重命名为"test11.jpg"。

第 3 步：打开 labelme 标注工具，在网站的左侧选择图像列表，打开"C:\sjbz11\ test11.jpg"文件所在的文件夹，如图 5-34 所示。

图 5-34   打开标注图片

第 4 步：单击左侧工具栏中的"Create Polygons"选项，使用多边形标注工具对场景中的实例物体进行描边标注，如图 5-35 所示。

图 5-35　Create Polygons 选项

第 5 步：完成对一个实例的标注后，填写其对应的标签，单击 "OK" 按钮完成对一个实例的分割，然后对整个图像中所有需要标注的实例进行标注，如图 5-36 所示。

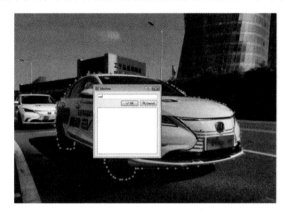

图 5-36　标注所有实例

第 6 步：在所有实例标注完成后，对图像进行检查，防止出现漏标的情况，同时对标签进行检查纠错，保证标签的正确性，检查完毕后保存，将会自动生成并下载 JSON 格式的标注结果文件，即 "test11.json"，将此文件下载到 "C:\sjbz11" 文件夹下。

第 7 步：保存完成以后，单击下一张，继续进行下一道路场景图像的标注，直至完成文件中所有道路场景图像的标注。

第 8 步：打开浏览器，进入数据标注平台，登录后选择 "实战十一　道路场景语义分割标注"，进入后下载待标注的道路场景图像到 "C:\sjbz11" 文件夹下。

第 9 步：依照上述步骤，按照标注规则进行标注，并将所有的 JSON 格式的结果文件下载到 "C:\sjbz11" 文件夹下。

第 10 步：全部标注完成后，打开浏览器，进入数据标注平台，登录后选择 "十一　道路场景语义分割标注"，单击进入后将 "C:\sjbz11*.json" 文档上传到网站，并查看本次标注成绩，以及对此次标注实战的评价。

5.4.6 实战十二 OCR 转写标注

1. 实战目的

（1）了解并掌握 OCR 转写的方法；

（2）通过学习数据标注规则和大量的实战练习，掌握 OCR 转写的基本规则；

（3）培养数据标注员的耐心、理解力和判断力。

2. 实战环境

（1）安装有中文 Windows 操作系统的平台；

（2）使用精灵标注助手进行 OCR 转写标注；

（3）从网上下载标注原始数据集，并进行在线测试。

3. 实战内容及操作步骤

标注规则：对图片中文字内容进行转写录入。

操作步骤如下。

第 1 步：在 C 盘新建一个文件夹，将其命名为 "sjbz12"。

第 2 步：从网上或者手机中选择一张手写文字的图片，复制到 sjbz12 文件夹下，并将其重命名为 "test12.jpg"。

第 3 步：打开标注精灵助手工具，新建图片转录项目；选择新建的 sjbz12 文件夹，如图 5-37 所示。

图 5-37 新建图片转录项目

第 4 步：查看图片，将文字录入到下方，完成后检查与图片中的文字是否一致，确认无误后单击下方的 "√" 按钮，完成对标注结果的保存，如果多张图片需要标注，单击下一张，直接进行录入转写并保存即可，如图 5-38 所示。

图 5-38   图片转录

第 5 步：所有图片转写完成后，单击左侧的"导出"按钮，对标注结果文件进行保存，根据要求选择 JSON 格式，并保存到源数据文件夹，如图 5-39 所示。

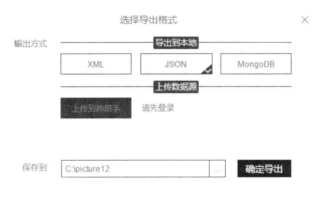

图 5-39   导出标注结果文件

第 6 步：打开浏览器，进入数据标注平台，登录后选择"实战十二 OCR 转写标注"，进入后下载待标注的 OCR 转写图像到"C:\sjbz12"文件夹下。

第 7 步：依照上述步骤，按照标注规则进行标注，并将所有的 JSON 格式的结果文件下载到"C:\sjbz12\outputs"文件夹下。

第 8 步：全部标注完成后，打开浏览器，进入数据标注平台，登录后选择"实战十二 OCR 转写标注"，单击进入后将"C:\sjbz12\outputs*.json"文档上传到网站，并查看本次标注成绩，以及对此次标注实战的评价。

附录 A Python 语法简介

Python 的第一个公开发行版本于 1991 年发行，它是一种面向对象的解释型程序设计语言，由 C 语言编写实现，并且能够调用 C 语言的库文件。Python 语法简洁、易懂，对初学者非常友好。Python 发展到现在有很多版本，目前保留的版本主要是基于 Python 2.X 和 Python 3.X，Python 3.X 不完全兼容 Python 2.X，与 Python 2.X 相比，Python 3.X 在语句输出、编码、运算和异常等方面做出了一些调整。

- Python 是一个高层次的并且结合解释性、编译性、互动性和面向对象的脚本语言。
- Python 程序具有很强的可读性，与其他编程语言相比，它的语法结构很具有特色。
- Python 是一种解释型语言，与 PHP 和 Perl 语言累类似，在开发过程中没有编译环节。
- Python 是交互式语言，可以在一个 Python 提示符 "＞＞＞" 后直接执行代码。
- Python 是面向对象语言，Python 支持面向对象的风格或代码封装在对象中的编程技术。
- 对初级程序员而言，Python 是一种友好的语言，它支持广泛的应用程序开发。

下面以 Python 3.X 版本为基础简单介绍 Python 的语法。

1．注释

Python 有两种注释方式。

（1）行注释，以#开头，不可跨行，如

```
print（"hello world! "）   # 输出字符串 hello world!
```

（2）块注释，可跨行，以三双引号包裹程序块，如

```
"""
print(value, ..., sep=' ', end='\n', file=sys.stdout, flush=False)
"""
```

2．行与缩进

Python 摒弃了 C 语言中用 "｛ ｝" 包裹程序块来区分程序语句的逻辑结构，Python 采用缩进来表示代码块，使用 4 个空格或一个 Tab 的悬挂式缩进，但要注意尽量不要混用 Tab 的悬挂式缩进和 4 个空格，一个源文件中应该采用统一的缩进方法。同一个程序块的语句必须采用相同的缩进方法，否则程序的逻辑结构将会不同，如

```
if  score>=60:
    print("及格")          #如果语句没有缩进，或缩进不齐，将会出现语法错误
    print("恭喜你")
```

```
    else :
        print("不及格")
        print("不好意思，你挂了")
```

缩进对 Python 程序代码至关重要，整个程序的结构依赖缩进来表示。

3．数据类型

Python 的数据类型可以分为 6 类。

数字类型（number）包括 4 种：

整型（int）：如 0101、100、0x12a。

浮点型（float）：如 3.5、4.3E-10、-2.14E-5。

复数（complex）：如 3.15+1.22j、98j。

布尔类型（bool）：如 True、False。

字符串类型（string）：如 string_1='Python'、string_2="Python"、string_3='''Python'''。

列表类型（list）：如 list_name=[1, 2, 3, 'hello']，列表与其他语言中的数组类似。

元组类型（tuple）：如 tuple_name=(1, 2, 'hello')，元组中的值不能改变，相当于常量数组，元组和列表可以相互转换。

字典类型（dictionary）：如 dict_name={"name":"张三", "sex":"男","age":18}，字典采用键值对的方式来存储数据。

集合类型（set）：如 set_name={1,2,3}，集合是无序序列，不支持索引访问。

4．运算符

表 A-1 中 Python 运算符的优先级遵循规则为：单目运算优先级最高，算术运算符次之，其次是位运算符、成员测试运算符、关系运算符、逻辑运算符等，算术运算符遵循"先乘除，后加减"原则，优先级相同时，按照从左往右的顺序进行计算，幂运算的优先级在算术运算符中是最高的，但是它的结合性是从右至左。在编写复杂的运算表达式时，尽量用圆括号来明确计算的优先级，提高代码的可读性。

表 A-1 Python 运算符

运 算 符	说 明
+	算术加法，列表、元组、字符串合并与连接，正号
—	算术减法，集合差集，相反数
*	算术乘法，序列重复
/	算术除法
%	求余数
//	整除，若操作数中有实数，商为实数形式的整数
**	幂运算
<、<=、>、>=、==、!=	关系运算符
or	逻辑或
and	逻辑与
not	逻辑非
in	成员测试

（续表）

运　算　符	说　　明
is	对象实体同一性测试，即测试是否为同一对象或内存地址
|、^、&、<<、>>、~	位运算符：或、异或、与、左移、右移、求反
&、|、^	集合交集、并集、对称差集

5. 选择结构语句

（1）单分支 if 语句

```
if  表达式：
        语句块
```

（2）双分支 if 语句

```
if  表达式：
    语句块 1
else：
    语句块 2
```

选择结构语句样例如图 A-1 所示。

```
>>> a=[3,2,1]
>>> if a:
        print(a)

        |
[3, 2, 1]
>>> a=[ ]
>>> if a:
        print(a)
else:
        print("a is empty")


a is empty
>>>
```

图 A-1　选择结构语句样例

6. 循环结构语句

（1）while 语句

```
while  条件表达式：
    循环体
[ else：
    else  子句代码块]
```

while 语句样例如图 A-2 所示。

```
>>> i=1
>>> s=0
>>> while True:
        s=s+i
        i=i+1
        if i>=10:
                break


>>> print(s)
45
>>>
```

图 A-2　while 语句样例

（2）for 语句

```
for 取值 in 序列或迭代对象:
    循环体
[ else:
    else 子句代码块]
```

for 语句样例如图 A-3 所示。

```
>>> for i in range(1,101):
        if i%7==0 and i%5!=0:
                print(i,end='    ')


7    14    21    28    42    49    56    63    77    84    91    98
>>>
```

图 A-3　for 语句样例

7. 函数定义

```
def 函数名([参数列表]):
    函数体
```

函数定义样例如图 A-4 所示。

```
>>>
>>> def fib(n):
        a,b=1,1
        while a<n:
                print(a,end='    ')
                a,b=b,a+b


>>> fib(1000)
1    1    2    3    5    8    13    21    34    55    89    144    233    377    610    987
>>>
```

图 A-4　函数定义样例

附录 B　Anaconda 安装

本书 2.3.1 节介绍了 Python 安装与环境配置，但这样仅安装了标配版的 Python 程序运行环境，它仅自带少量的标准库，当用户需要使用其他扩展库时，必须在 cmd 窗口中用 pip install 命令去安装需要的库。但是很多用户不熟悉或者不习惯使用 cmd 窗口中的命令，所以这种方式对用户并不是十分友好。

Anaconda 是一个专注于数据分析的 Python 发行版本，支持 Linux、MacOS、Windows 系统，它包括 Python 常见的扩展库。而且，Anaconda 有一个 conda 包和环境管理器，可以很方便地解决多版本 Python 并存、切换及各种第三方包安装问题，使得安装其他扩展库更加容易。

1. conda 包的作用

（1）包管理器

安装包的语句如下：

```
conda install package_name1 package_name2      #支持同时安装多个包
可以用 "== 版本号" 来添加版本，还可以自动安装依赖项，如安装 scipy 会自动安装 numpy。
```

卸载包的语句如下：

```
conda remove   package_name
```

更新包的语句如下：

```
conda update   package_name
conda update –all                #不知道包的确切名称，可以更新所有包
```

搜索包的语句如下：

```
conda search package_name
```

（2）环境管理器——virtualenv 和 pyenv

环境管理允许用户方便地安装 Python 的不同版本，并可以快速切换到另一个版本，可以分隔不同项目的包（如不同代码需要一个库的不同版本）。

2. Anaconda 下载

Anaconda 的下载参见 https://www.Anaconda.com，支持 Linux、MacOS、Windows 系统，选择适合的版本下载即可，Anaconda 下载界面如图 B-1 所示。

图 B-1　Anaconda 下载界面

3．Anaconda 安装

安装 Anaconda 的注意事项如下：

（1）在 Windows 系统下安装 Anaconda，需要注意安装路径中一定不要有空格，同时路径不能是 unicode 编码，否则可能出现安装编译错误的情况。

（2）路径和文件名最好以英文命名，不要以中文或其他特殊字符命名。

（3）尽量按照 Anaconda 默认的行为安装，不使用 root 权限。

双击下载的 Anaconda3-2020.02-Windows-x86_64.exe 开始安装，Anaconda 安装过程如图 B-2 所示。

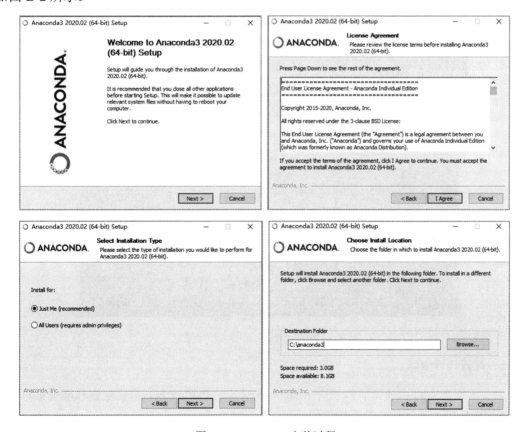

图 B-2　Anaconda 安装过程

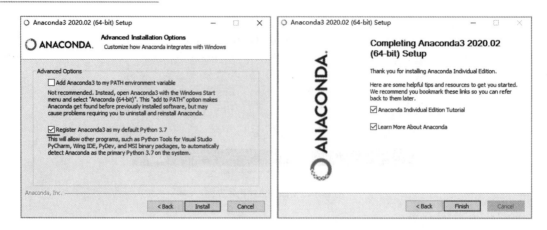

图 B-2　Anaconda 安装过程（续）

4．验证安装是否成功

可以选以下任意方法来验证安装结果。

（1）单击"开始"→"Anaconda3（64-bit）"→"Anaconda Navigator"命令，若可以成功启动 Anaconda Navigator，则说明安装成功。

（2）单击"开始"→"Anaconda3（64-bit）"命令，用鼠标右键单击"Anaconda Prompt"，选择"以管理员身份运行"，在 Anaconda Prompt 中输入"conda list"，可以查看已经安装的包名和版本号。若结果可以正常显示，则说明安装成功，如图 B-3 所示。

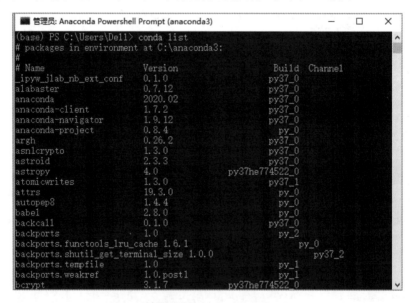

图 B-3　验证 Anaconda 是否安装成功

5．配置环境变量

为了方便在 cmd 命令窗口内使用 Anaconda 安装的 Python 包，需要配置环境变量。可以与 2.3.2 节中 Python 环境变量配置类似，可以在系统变量 path 中添加自己的 Anaconda3 的安装路径，如 C:\Anaconda3\Scripts;C:\Anaconda3。配置环境变量如图 B-4 所示。

图 B-4　配置环境变量

附录 C   labelImg 安装

labelImg 是一款十分有用的图像标注工具，采用全图形界面，由 Python 和 Qt 编写，其标注信息可以直接转化为 XML 文件。

labelImg 可以安装在不同的系统中，若在 MacOS、Linux 系统下安装可参照官网步骤，在此仅介绍 labelImg 在 Windows 系统和 Anaconda 下的安装过程。

1. labelImg 下载

GitHub 官网下载地址为 https://github.com/tzutalin/labelImg。单击 Download Zip，下载 labelImg 压缩包，如图 C-1 所示。

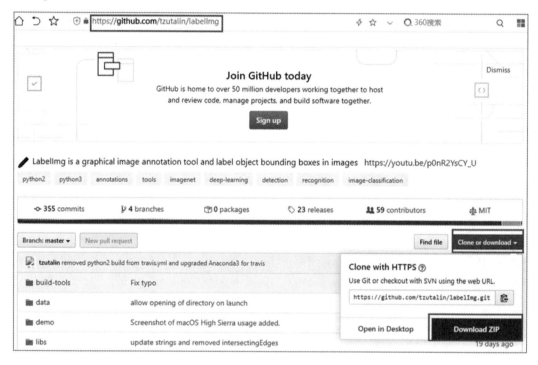

图 C-1   labelImg 下载

在下载目录文件夹中找到 labelImg-master.zip 压缩包，并解压到文件夹（文件夹路径中不要有中文字符），如 D:\labelImg-master。

2. labelImg 安装

打开 Anaconda Prompt，输入 conda install pyqt=5，如图 C-2 所示。

```
■ 管理员: Anaconda Powershell Prompt (anaconda3)
PS C:\Users\Dell> conda install pyqt=5
[y/N]: y
PS C:\Users\Dell> d:
```

图 C-2 利用 conda 安装 pyqt

然后进入解压缩后的 labelImg-master 文件夹，如图 C-3 所示。

```
(base) PS D:\> cd labelImg-master
(base) PS D:\labelImg-master> pyrcc5 -o libs/resources.py resources.qrc
(base) PS D:\labelImg-master> python labelImg.py
```

图 C-3 安装 labelImg

输入如下内容即可进入 LabelImg 工作界面，表明安装成功，如图 C-4 所示。

```
pyrcc5 -o libs/resources.py resources.qrc
Python labelImg.py
```

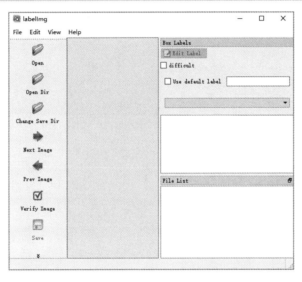

图 C-4 labelImg 工作界面

注意事项如下。

如果在输入 conda install pyqt=5 时安装失败，这是因为安装速度太慢，导致安装超时，可以切换为镜像路径，执行如下命令：

```
conda config --add channels https://mirrors.tuna.tsinghua.edu.cn/Anaconda/cloud/msys2/
conda config --add channels https://mirrors.tuna.tsinghua.edu.cn/Anaconda/cloud/conda-forge/
conda config --add channels https://mirrors.tuna.tsinghua.edu.cn/Anaconda/pkgs/free/
conda config --set show_channel_urls yes
```

然后打开 C:\user\用户名（此处为安装者自己的系统用户名，如 C:\user\Dell）文件夹下的.condarc（用文本编辑器打开）将-defaults 行删除，如图 C-4 所示，保存文件并退出。

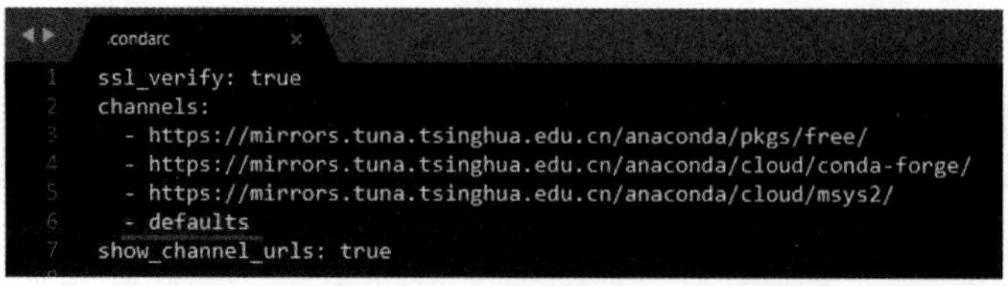

图 C-4 删除 .condarc 文件中的默认路径

之后再打开 Anaconda Prompt 并进入解压后的 labelImg-master 文件夹下执行命令：

pyrcc5 -o libs/resources.py resources.qrc

Python labelImg.py

若想要再次打开 labelImg，也要进入 Anaconda Prompt 并进入 labelImg-master 文件夹运行 Python labelImg.py 命令，才可以打开 labelImg 界面。

附录 D labelme 安装

labelme 是采用 Python 编写的一款图形界面的图像标注软件，图形界面使用的是 Qt（PyQt），labelme 的作用如下。

（1）对图像进行多边形、矩形、圆形、多段线、线段、点形式的标注（可用于目标检测、图像分割等任务）。

（2）对图像进行 flag 形式的标注（可用于图像分类和清理任务）。

（3）视频标注：生成 VOC 格式的数据集（for semantic / instance segmentation）或 COCO 格式的数据集（for instance segmentation）。

1. labelme 安装要求

> Ubuntu / macOS / Windows
> Python2 / Python 3
> PyQt4 / PyQt5 / PySide2

2. labelme 下载

GitHub 官网下载地址为 https://github.com/wkentaro/labelme，单击 Download Zip 按钮，labelme 下载界面如图 D-1 所示。

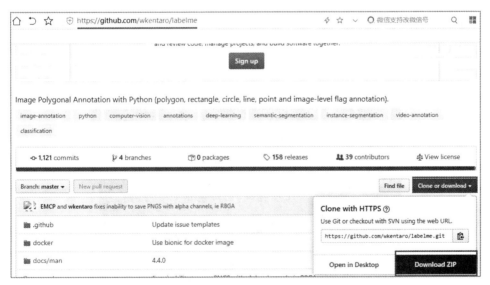

图 D-1 labelme 下载界面

设置下载压缩包的保存位置，如图 D-2 所示。

图 D-2　设置保存位置

在下载目录文件夹找到 labelme-master.zip 压缩包，并解压到文件夹（不要有中文路径），如 D:\labelme-master。

3．labelme 安装

labelme 安装方法大体可分为如下两类。

（1）通用安装方法（各平台都适用）是使用 Anaconda 或 Docker。

（2）不同平台 Ubuntu、MacOS、Windows 上的安装方法详细步骤参见 GitHub 官网。

下面演示在 Windows 系统和 Anaconda 环境下安装 labelme。

官网提供的安装指南如下：

```
Windows
Install Anaconda, then in an Anaconda Prompt run:
# Python 3
conda create --name=labelme Python=3.6
conda activate labelme
pip install labelme
```

1）先安装 Python 3.6

打开 Anaconda Prompt，本演示过程使用 Python 3.7，输入：

```
conda create --name=labelme Python=3.7
```

按照提示，输入 y，如图 D-3 所示。

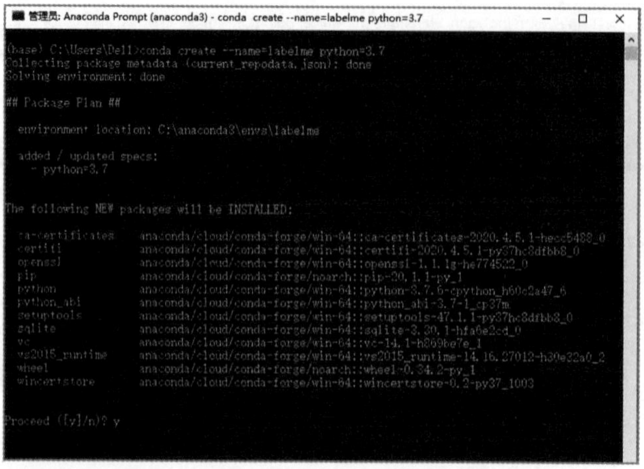

图 D-3　在 Anaconda Prompt 安装 Python 3.7

安装完成后，会提示激活环境，如图 D-4 所示。

图 D-4 提示激活环境

2）激活 labelme 环境

输入命令：

```
conda activate labelme
conda deactivate
```

完成激活步骤，如图 D-5 所示。

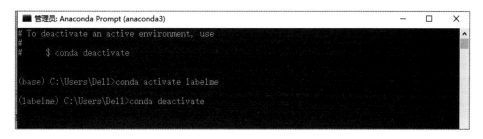

图 D-5 完成激活步骤

3）安装 pyqt5

```
pip install pyqt5
```

安装 pyqt5，如图 D-6 所示。

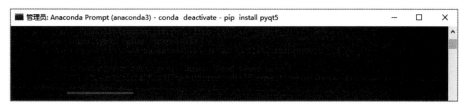

图 D-6 安装 pyqt5

当执行 pip install pyqt5 时经常会出现超时而导致安装失败的情况，可以多试几次，或者更换一个国内站点尝试安装。

```
pip install PyQt5 -i https://pypi.douban.com/simple          #国内站点
```

看到成功安装的提示信息，即表示安装 pyqt5 成功，如图 D-7 所示。

```
Installing collected packages: PyQt5-sip, PyQt5
Successfully installed PyQt5-5.15.0 PyQt5-sip-12.8.0

(base) C:\Users\Dell>
```

图 D-7　pyqt5 安装成功提示

4）安装 labelme

```
pip install labelme
```

这个过程安装的东西比较多，等待时间会比较长。当出现成功安装的提示信息时，则表明安装成功，如图 D-8 图所示。

```
管理员: Anaconda Prompt (anaconda3) - conda  deactivate                    —    □    ×
  Building wheel for imgviz (PEP 517) ... done
  Created wheel for imgviz: filename=imgviz-1.1.0-py3-none-any.whl size=7674227 sha256=83d648d2a958706f5ff
33b0adabd3049076cd0c26722858c357862d213c8b9f8
  Stored in directory: c:\users\dell\appdata\local\pip\cache\wheels\c0\aa\1e\b34f6240f727a71e6cc3b68bec221
e68f940cd51a8af82858e
Successfully built labelme imgviz
Installing collected packages: imgviz, labelme
Successfully installed imgviz-1.1.0 labelme-4.4.0

(base) C:\Users\Dell>
```

图 D-8　labelme 安装成功提示

5）验证是否安装成功

输入 labelme 命令，打开 labelme，如图 D-9 所示。

```
管理员: Anaconda Prompt (anaconda3)                    —    □    ×

(base) C:\Users\Dell>labelme
```

图 D-9　打开 labelme

可以看到 labelme 工作界面成功打开，表明安装成功了，如图 D-10 所示。

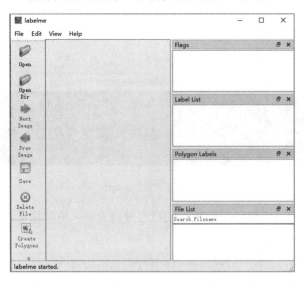

图 D-10　labelme 工作界面

参 考 资 料

[1] 蔡莉，王淑婷，刘俊晖，朱扬勇. 数据标注研究综述[J]. 软件学报，2020，31（2）：302−320.

[2] 陶皖. 云计算与大数据[M]. 西安：西安电子科技大学出版社，2017.

[3] 董付国. Python 程序设计基础（第 2 版）[M]. 北京：清华大学出版社，2018.

[4] 黑马程序员. 解析 Python 网络爬虫：核心技术、Scrapy 框架、分布式爬虫[M]. 北京：中国铁道出版社，2018.

[5] 刘鹏. 数据标注工程[M]. 北京：清华大学出版社，2019.

[6] 刘欣亮. 大学计算机基础[M]. 北京：电子工业出版社，2017.

[7] Ling H，Gao J，Kar A，et al. Fast interactive object annotation with Curve-GCN[C]. IEEE/CVF Conference on Computer Vision and Pattern Recognition，2019，1：5257−5266.

[8] Barbosa L，Carvalho BW，Zadrozny B，et al. Pooling hybrid representations for Web structured data annotation. arXiv：1610. 00493，2016.

[9] Zhang L，Wang T，Liu Y，et al. A semi-structured information semantic annotation method for Web pages[J]. Neural Computing and Applications，2019，（5）：1−11.

[10] Egorow O，Lotz A，Siegert I，et al. Accelerating manual annotation of filled pauses by automatic pre-selection[C]. International Conference on Companion Technology，2018：63−286.

反侵权盗版声明

电子工业出版社依法对本作品享有专有出版权。任何未经权利人书面许可，复制、销售或通过信息网络传播本作品的行为；歪曲、篡改、剽窃本作品的行为，均违反《中华人民共和国著作权法》，其行为人应承担相应的民事责任和行政责任，构成犯罪的，将被依法追究刑事责任。

为了维护市场秩序，保护权利人的合法权益，我社将依法查处和打击侵权盗版的单位和个人。欢迎社会各界人士积极举报侵权盗版行为，本社将奖励举报有功人员，并保证举报人的信息不被泄露。

举报电话：（010）88254396；（010）88258888

传　　真：（010）88254397

E-mail：　dbqq@phei.com.cn

通信地址：北京市万寿路 173 信箱

　　　　　电子工业出版社总编办公室

邮　　编：100036